黑果枸杞概论

◎ 杨　荣　吴秀花　张斌武　胡永宁　杨宏伟　主编

中国农业科学技术出版社

图书在版编目(CIP)数据

黑果枸杞概论 / 杨荣等主编 . --北京：中国农业科学技术出版社，2023.9
ISBN 978-7-5116-6420-4

Ⅰ.①黑… Ⅱ.①杨… Ⅲ.①枸杞-栽培技术 Ⅳ.①S567.1

中国国家版本馆 CIP 数据核字(2023)第 166236 号

责任编辑 李冠桥
责任校对 贾若妍 李向荣
责任印制 姜义伟 王思文

出 版 者 中国农业科学技术出版社
　　　　　北京市中关村南大街 12 号 邮编：100081
电 　 话 (010) 82106632 (编辑室) (010) 82109702 (发行部)
　　　　　(010) 82109709 (读者服务部)
网 　 址 https://castp.caas.cn
经 销 者 各地新华书店
印 刷 者 北京建宏印刷有限公司
开 　 本 170 mm×240 mm 1/16
印 　 张 11.5 彩插 8 面
字 　 数 196 千字
版 　 次 2023 年 9 月第 1 版 2023 年 9 月第 1 次印刷
定 　 价 70.00 元

《黑果枸杞概论》
编委会

主　　编：杨　荣　吴秀花　张斌武　胡永宁
　　　　　杨宏伟
参编人员（按姓氏笔画排序）：
　　　　　马　悦　王志波　王荣学　王美珍
　　　　　乌日恒　白海霞　包敖民　师鹏飞
　　　　　刘俊良　李　娜　杨　阳　张　颖
　　　　　张嘉益　桂　翔　唐　琼　海　龙
　　　　　黄卫丽　黄海广　谢　菲

目　录

11 产品开发 151

1 概述

枸杞属植物约80种,呈离散分布,主要分布于南美洲和北美洲,少数种分布于欧亚大陆温带,我国枸杞占全球枸杞资源的1/8左右。

国外枸杞属物种中,欧洲3种,澳大利亚1种,美洲约45种,南非6种,亚洲7~8种。其中,具有药用价值的有非洲枸杞(*Lycium* afrum Boiv. ex Dunal)、安纳枸杞(*Lycium anatolicum* A. Baytopet R. Mill)、夜香树枸杞(*Lycium cestroides* Schlechtd.)、灰色枸杞(*Lycium cinereum* Thunb.)、欧洲枸杞(*Lycium europaeum* L.)、肖氏枸杞(*Lycium shawii* Roemer et Schultes)、土库曼枸杞(*Lycium turcomunicum* Turez.)、阴生枸杞(*Lycium umbrosum* Humb. Bonpl. et Kunth)等。

我国枸杞属植物有7个种,3个变种,主要分布于北方地区,7种分别为黑果枸杞、截萼枸杞(*Lycium truncatum* Y. C. Wang)、新疆枸杞(*Lycium dasystemum* Pojarkova)、柱筒枸杞(*Lycium cylindricum* Kuang et A. M. Lu)、宁夏枸杞(*Lycium barbarum* L.)、中华枸杞(*Lycium chinense* Mill.)、云南枸杞(*Lycium yunnanense* Kuang et A. M. Lu),3变种分别为红枝枸杞(*Lycium dasystemum* Pojarkova. var. *rubricaulium*,新疆枸杞变种)、黄果枸杞(*Lycium barbarum* L. var. *auranticarpum* K. F. Ching,宁夏枸杞变种)、北方枸杞[*Lycium chinense* Mill. var. *potaninii*(Pojarkova)A. M. Lu,枸杞变种];内蒙古有4种,1个变种,分别为黑果枸杞、截萼枸杞、宁夏枸杞、枸杞、北方枸杞(变种)。

1.1 我国枸杞属植物概述

截萼枸杞,蒙名"特格喜–侵娃音–哈日漠格"。分布于我国山西、陕西北部、内蒙古和甘肃等地区。内蒙古的集中分布于锡林郭勒、乌兰察布、巴彦淖尔、呼和浩特。常生于海拔800~1 500 m的山坡、路旁或田边。灌木,高1~1.5 m,分枝圆柱状,灰白色或灰黄色,少棘刺。叶条状披针形或披针形，叶中部较宽；花萼有时因裂片断裂成截头；果实成熟后呈红色或橙黄色，直径 5~8 mm，种子呈橙黄色，长约 2 mm。

新疆枸杞，分布于我国的新疆、甘肃和青海，中亚。生于海拔 1 200~2 700 m 的山坡、沙滩或绿洲。多分枝灌木，高达 1.5 m，枝条坚硬，灰白色或灰黄色，老枝有坚硬的棘刺，刺长 0.6~6 cm。叶形状多变，倒披针形、椭圆状倒披针形或宽披针形；花萼裂片不断裂，花冠裂边缘有稀疏缘毛；浆果红色，卵圆状或矩圆状，长约 7 mm，种子达 20 余粒，肾形，长 1.5~2 mm。

红枝枸杞，新疆枸杞变种，与原变种不同在于老枝褐红色，花冠裂片无缘毛。集中分布于青海诺木洪地区，生于海拔 2 900 m 的灌丛中。

柱筒枸杞，产于我国新疆。灌木，分枝多"之"字形折曲，白色或淡黄色，棘刺长 1~3 cm，不生叶或生叶。叶单生或 2~3 片簇生于短枝上，披针形；花萼钟状，3 中裂或有时 2 中裂；花冠筒圆柱状，明显长于檐部裂片，裂片阔卵形，边缘有缘毛；果实卵形，红色或橙黄色，长约 5 mm，仅具少数种子。

宁夏枸杞（《中药志》），蒙名"宁夏音-侵娃音-哈日漠格"，别名中宁枸杞、津枸杞、山枸杞、白疙针。果实中药称枸杞子，性味甘平，滋肝补肾，益精明目，含多种人体所需的营养成分，根皮亦作药用，中药称地骨皮。原产我国北部，内蒙古西部、山西北部、陕西北部、甘肃、宁夏、青海、新疆有天然分布。在我国栽培历史悠久，栽培种除以上省（区）外，中部和南部不少省（区）也引种栽培，现在欧洲及地中海沿岸国家普遍栽培。常生于土层深厚的沟岸、山坡、田埂和宅旁。灌木，或栽培因人工整枝而成大灌木，高 0.8~2 m，栽培株直茎粗达 10~20 cm，分枝细密，披散或略斜升，有生叶和花的长刺及不生叶的短而细的棘刺，具纵棱纹，灰白色或灰黄色。单叶互生或数片簇生于短枝上，长椭圆状披针形、披针形或卵状矩圆形；花萼通常 2 中裂，裂片顶端常有胼胝质小尖头或每裂片顶端有 2~3 个小齿；花冠筒明显长于檐部裂片，裂片边缘无缘毛；果实甜，无苦味，卵状、矩圆状或接近球状，红色，栽培品种中亦有橙色；种子小，长约 2 mm。

黄果枸杞，宁夏枸杞变种。与原变种不同在于叶狭长，条形、条状披针形、倒条状披针形或狭披针形，具肉质；果实橙黄色，球状，直径 4~

8 mm，仅 2~8 粒种子。产于宁夏银川地区，生于田边和宅旁。

中华枸杞，枸杞，蒙名"侵娃音-哈日漠格"，别名枸杞菜（广东、广西、江西），红珠仔刺（福建），牛吉力（浙江），狗牙子（四川），狗牙根（陕西），狗奶子（江苏、安徽、山东）。果实中药亦称枸杞子，药用果实、根皮，功效与宁夏枸杞同。广泛分布于全国各省（区），亚洲东部地区及欧洲也有，内蒙古主要集中分布于赤峰。常生于山坡、荒地、丘陵地、盐碱地、路旁及村宅旁。易与宁夏枸杞发生混淆，鉴定时主要区别于宁夏枸杞的特征：叶通常卵形、卵状菱形、长椭圆形或卵状披针形；花萼通常为 3 裂或有时不规则 4~5 裂；花冠筒部短于或近等于檐部裂片，裂片边缘有缘毛；果实甜而后味带微苦；种子较大，长约 3 mm。

北方枸杞，蒙名"那林-侵娃音-哈日漠格"，枸杞变种。与枸杞不同在于叶通常为披针形、矩圆状披针形或条状披针形；花冠裂片的边缘缘毛稀疏、基部耳不显著；雄蕊稍长于花冠。分布于河北、山西、陕西等省的北部，以及内蒙古、宁夏、甘肃西部、青海东部和新疆。常生于山坡、沟旁。

云南枸杞，产于云南，生于海拔 1 360~1 450 m 的河旁沙地潮湿处或丛林中。直立灌木，丛生，高 50 cm，茎灰褐色，粗壮坚硬，分枝细弱，黄褐色。叶于长枝和棘刺上单生，在极短的瘤状短枝上 2 至数枚簇生，叶小型，长 8~15 mm，宽 2~3 mm，狭卵形、矩圆状披针形或披针形，全缘，顶端极尖，基部狭楔形；花小，淡蓝紫色，花冠长 5.5~7 mm，花冠筒稍长于裂片，雄蕊和花柱显著长于花冠，花冠筒内壁几乎无毛；果实小，球状，黄红色，干后有一明显纵沟，直径约 4 mm；种子仅长 1 mm，圆盘形，淡黄色，表面密布小凹穴，20 粒以上种子，易于同其他种区分。

1.2 黑果枸杞概述

黑果枸杞，茄科（Solanaceae），枸杞属（*Lycium*）多年生、多棘刺灌木。黑果枸杞别名苏枸杞、黑果枸杞。蒙名"哈日-侵娃音-哈日漠格"，藏药名"旁玛"，是荒漠戈壁地区主要的建群植物之一。高 20~50（150）cm，多分枝；分枝斜升或横卧于地面，白色或灰白色，坚硬，常呈"之"字形曲折，坚硬，有不规则的纵条纹，小枝顶端渐尖成棘刺状，节间短缩，每节

有长 $0.3 \sim 1.5$ cm 的短棘刺；短枝位于棘刺两侧，在幼枝上不明显，在老枝上则呈瘤状，有簇生叶或花、叶同时簇生，更老的枝则呈短枝或不生叶的瘤状凸起。叶 $2 \sim 6$ 枚簇生于短枝上，在幼枝上则单叶互生，肥厚肉质，近无柄，条形、条状披针形或条状倒披针形，有时呈狭披针形，顶端钝圆，基部渐狭，两侧有时稍向下卷，中脉不明显，长 $5 \sim 30$ mm，宽 $2 \sim 7$ mm。顶端钝圆，基部渐狭，中脉不明显，花生于短枝上；花梗细瘦，花萼狭钟状，花冠漏斗状，浅紫色，裂片矩圆状卵形，耳片不明显；花柱与雄蕊近等长。浆果紫黑色，球状，种子肾形，褐色，花果期5—10月。喜光，全光照下发育健壮，在庇荫下生长细弱，花果极少。（中国科学院《中国植物志》编辑委员会，1978）

黑果枸杞抗逆性、适应性很强，对土壤要求不严，耐盐碱、干旱，耐寒、耐高温，在荒漠地区、河床沙滩均能正常生长。栽培黑果枸杞生长速度快，结实早，一般栽植当年即可挂果，并形成产量。在荒漠化治理、防沙治沙、盐碱地造林、饲料林营造等林业工程建设中生态效益显著。

黑果枸杞亦是药食同源的功能性树种，《四部医典》《晶珠本草》《维吾尔药志》等藏族、维吾尔族药典著作均对黑果枸杞的药用价值有详细记载。野生黑果枸杞果味甘、性平，清心热，富含蛋白质、脂肪、糖类、游离氨基酸、有机酸、矿物质、微量元素、生物碱、维生素 C、维生素 B_1、维生素 B_2 等各种营养成分。原花青素含量极高，被称为花青素之王，具有较高的营养价值。

1999 年，国家林业局（现称"国家林业和草原局"）、农业部（现称"农业农村部"）联合发布的《国家重点保护野生植物名录》，黑果枸杞列入其中，为国家二级保护野生植物，2021 年修订版本中保持原保护级别不变。

我国枸杞及主要分布区见表 1-1。

表 1-1　我国枸杞及主要分布区

品种/变种	分布
截萼枸杞	山西、陕西北部、内蒙古、甘肃、宁夏等地区
新疆枸杞	新疆、甘肃、青海等
红枝枸杞	青海诺木洪
柱筒枸杞	新疆

（续表）

品种/变种	分布
宁夏枸杞	原分布西北，现广泛分布于北方各省
中华枸杞	国内广布
云南枸杞	云南禄劝县、景东县
黄果枸杞	宁夏和青海
北方枸杞	河北北部、山西北部、陕西北部、甘肃西部、青海东部、内蒙古、宁夏、新疆
黑果枸杞	陕西、宁夏、青海、西藏、新疆、内蒙古等

2 分布与资源

2.1 地理分布

黑果枸杞主要分布在中亚地区，如中国、巴基斯坦、印度等国家，高加索和欧洲亦有。在我国则主要分布在西北荒漠地区，如青海、新疆、甘肃、陕西北部、宁夏、内蒙古和西藏等的荒漠地带，多生于海拔 400~3 000 m 的地区，对环境具有较强的适应能力，耐受温度在 −25~38℃，喜生于盐化沙地、盐碱荒地，对土壤无严格要求。黑果枸杞分布格局因立地条件而异，在固定或半固定沙丘地和砾石地中呈现聚集分布，盐碱地种群为完全随机分布，覆沙地中种群分布在较小尺度内呈现聚集分布，在较大尺度则呈现完全的随机分布（彩图 2-1）。

青海黑果枸杞多分布于荒漠戈壁地区，海拔 2 900~3 500 m 的沙地、荒漠草滩、路边、盐碱土地，如柴达木盆地的乌兰、都兰、德令哈、格尔木、诺木洪、大柴旦等地区，横跨 5 个经度（93°~98°），沿青藏公路北侧，向西北方向延伸，成片状或零星状分布。

新疆黑果枸杞分布较为广泛，在北部的昌吉、精河、乌苏、奇台、石河子，中部塔里木河流域的尉犁、库尔勒、阿克苏、阿拉尔、轮台以及南部的喀什、叶城、和田、策勒、且末、若羌等地均有生长；库尔勒、若羌、且末、民丰、天山东麓、艾里克湖边缘常见大面积黑果枸杞群落，吐鲁番和七角井盆地底部较集中，阿克苏三角洲下部及喀什噶尔河、塔里木河下游河间平原也有小片状分布，其中塔里木盆地分布范围最广，资源分布量最大。

甘肃黑果枸杞主要分布于河西走廊地区，黑河流域沿岸及其湿地，主要包括嘉峪关、瓜州、酒泉、张掖、金昌、武威等地，其中酒泉市祁连山北麓的野生黑果枸杞主要分布在疏勒河流域、苏干湖流域、黑河流域的非灌溉荒漠戈壁，土壤为盐渍化程度高的盐化荒漠草甸土、棕漠土、灰漠土、风沙土，涵盖阿克塞、敦煌、金塔、玉门、瓜州5个县，永靖县局部零星有野生分布。疏勒河流域的赤金、花海、踏实、西湖盆地和玉门镇、布隆吉、敦煌平原等地，黑果枸杞植被密度相对较高，植株生长健壮，株高可达80 cm，但单株产量较低，在苏干湖下游阿克塞县境内，黑果枸杞植被密度相对较低，植株生长较弱，株高20~50 cm，但丰产性好。

宁夏回族自治区：黑果枸杞分布于中宁、银川及以北的吴忠、平罗等地。生于盐碱荒地、盐渍化砂地、沟渠边上、路边、村舍等。其生长地不仅盐碱较重而且干旱或超干旱。在中宁县清水河沿岸、石嘴山市惠农区银石燕子墩村燕窝池路边，及燕子墩村至黄渠桥黄渠村路边一带，有团簇、斑块化集中分布，并组成优势群落片段。

西藏黑果枸杞野生资源较少，主要分布在曲水等地，其他地区天然分布较少。

内蒙古黑果枸杞在巴丹吉林沙漠、乌兰布沙漠和腾格里沙漠均有分布，主要在内蒙古西部阿拉善盟额济纳旗、阿拉善右旗、阿拉善左旗和巴彦淖尔市乌拉特前旗等地。阿拉善盟野生黑果枸杞主要在额济纳河沿河、额济纳拐子湖、古日乃湖，在阿拉善左旗北部（诺日公），阿右旗雅布赖、阿拉腾敖包、努日盖等地也有零星分布。

根据全球特种分布数据库得到全球黑果枸杞分布数据，黑果枸杞主要分布在中亚地区，对黑果枸杞的分布区温度因子的变异系数分析发现，最冷季平均气温和最干季平均气温数值较分散，气温的季节性和气温年范围数值分布较窄，也就是说全年季节温度变化是制约黑果枸杞分布的主要因素，变化越小，越适宜黑果枸杞生长。对黑果枸杞分布区降水因子变异系数分析，发现降水量少是限制黑果枸杞生长的主要因素，黑果枸杞适宜生长在降水量较少、降水量季节性变化较小的地方。

林丽等研究了气候变化背景下预测藏药黑果枸杞在当代及未来的适生区分布格局，基于黑果枸杞149个分布数据及当代（1950—2000年）和未来（20世纪20—80年代）的气候数据，同时考虑3种温室气体排放场景，应用最大熵模型（Maxent）和地理信息系统（ArcGIS）软件，定量地预测了黑果枸杞在我国的潜在适生区及其适生等级结果发现，黑果枸杞的当代适生区主要分布于我国新疆、青海、甘肃、内蒙古、宁夏、陕西、山西、西藏境内；黑果枸杞当代适生区总面积为 284. 506 949×10^4 km^2，占中国国土面积的 29.6%；相对稳定区域为总适生区的 25.2%；气候变化背景下，相较于当代，其在 20 世纪 20—80 年代的适生区总面积均有不同程度的减少，但是中度适生区又有不同程度的增加。气候变化对黑果枸杞适生区总面积及生境适宜度均会产生不同程度的双面影响。

2.2 黑果枸杞野生资源现状

青海野生黑果枸杞约占全国野生黑果枸杞面积的 1/4，分布面积约达40.2 万亩[①]，其中 2014 年产量 170 t，截至 2019 年底，黑果枸杞种植面积8.9 万亩。

新疆野生黑果枸杞约占全国野生黑果枸杞面积的 1/2，黑果枸杞面积在1 500 万亩以上，主要分布在库尔勒地区焉耆、和静以及乌鲁木齐、精河、乌苏、石河子、吐鲁番、和田、阿克苏、莎车、若羌。和静野生黑果枸杞面积约有 80 万亩，较为集中分布的达到 30 万亩，2016 年枸杞种植面积突破 7万亩，其中红枸杞种植面积 3 万亩，黑果枸杞种植面积 4.2 万亩。2014 年新疆库尔勒市胜利集团人工栽培黑果枸杞达 1 万亩，产值近 1.5 亿元。2015 年新疆兵团第二师三十六团栽植黑果枸杞 2 000 亩。

甘肃省酒泉市野生黑果枸杞主要分布在疏勒河流域、苏干湖流域、黑河流域的非灌溉荒漠戈壁和干旱沙区，涉及阿克塞、敦煌、金塔、玉门、瓜州 5 个县，分布面积 106.5 万亩。截至 2015 年甘肃省肃南裕固族自治县黑果枸杞种植面积 10 000 亩，甘肃省古浪县 8 个乡镇种植黑果枸杞约10 000 亩。

宁夏野生黑果枸杞的分布面积为 5 万~7 万亩、人工种植黑果枸杞的面积为 2 万~3 万亩。

内蒙古野生黑果枸杞主要分布在阿拉善盟，黑果枸杞分布面积约 150万亩，集中分布面积约 60 万亩，主要集中在额济纳河沿河（图 2-1），额

---

① 1 亩约为 667m^2，全书同。

济纳旗拐子湖、古日乃湖，阿拉善左旗北部（诺日公），阿拉善右旗雅布赖、努日盖也有零星分布。人工种植黑果枸杞面积 1.28 万亩（2021 年统计）。

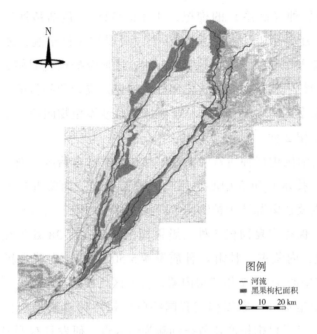

图 2-1　内蒙古阿拉善盟野生黑果枸杞资源分布

2.3　种质资源保护和管理现状

宁夏已建成世界唯一的枸杞种质库和资源圃，保存着 15 种 3 变种 2 000 余份枸杞种质材料，筛选高甜菜碱含量种质 5 份，高维生素 C 含量种质 5 份，高总黄酮含量种质 6 份。分离枸杞耐盐、抗逆境相关基因 5 个，与枸杞果实中功能性代谢物相关基因 7 个，完成枸杞基因组的测序。宁夏农林科学院枸杞种质资源圃活体保存 2 万余株；精河县枸杞种质资源汇集中心收集宁夏枸杞、枸杞、黑果枸杞 36 个品种（品系），其中精河当地原有品种（系）26 个。

新疆枸杞种质资源主要在精河县枸杞种质资源汇集中心、新疆林业科学研究院树木园和中国科学院吐鲁番沙漠植物园。新疆精河县是著名的枸杞之乡，枸杞种质资源十分丰富，精河林业枸杞专家通过多年努力，建成了全疆最大的枸杞种质资源汇集中心。据现场调查，枸杞汇集中心面积为 23.1 hm^2，主要分为 18 个功能区，收集和保存了宁夏枸杞、枸杞、黑果枸杞中的 36 个品种（品系）的枸杞，共计 8 932 株，包括精河当地原有品种（系）26 个，疆外引进品种（系）10 个；新疆林业科学院树木园已经通过野外活体整株采挖和种子实生繁殖的方法，迁地保护枸杞属植物 5 种：黑果枸杞、宁夏枸杞、枸杞、新疆枸杞和柱筒枸杞，成为新疆目前收集保存枸杞属植物种类最多的树木园；中国科学院吐鲁番沙漠植物园迁地引种保存宁夏枸杞和黑果枸杞 2 种。

内蒙古自治区枸杞种质资源主要保存在内蒙古自治区林业科学研究院黑果枸杞工程（技术）研究中心黑果枸杞育苗基地、内蒙古自治区林业科学院树木园、内蒙古蒙鄂沙生植物园，内蒙古林木种苗示范基地，采用种子实生繁殖方法，保存宁夏枸杞 5 种，黑果枸杞 4 个省市 38 处天然野生分布区（青海、新疆、内蒙古、甘肃）种质资源 5 500 多株。内蒙古黑果枸杞工程（技术）研究中心于 2017 年获得内蒙古自治区科技厅批准成立，该中心是内蒙古第一家也是唯一一家以构建我国特色枸杞品种"黑果枸杞"为主要应用开发对象，以黑果枸杞产业科技创新为切入点，研发具有明显特色优势的黑果枸杞技术创新平台和共享研究平台。内蒙古黑果枸杞工程（技术）研究中心自 2017 年以来，建立面积 66 hm^2 黑果枸杞种质资源圃 1 处，采种基地 1 个，采穗圃 1 个，繁育苗木 50 多万株；通过技术集成和资源整合，建立栽培技术试验示范区 2 个，引种试验点 14 个。目前主要致力于"优质、多用途"黑果枸杞新品种选育，2023 年获得 3 件黑果枸杞新品种权证书，丰富了我国枸杞种质资源。

青海大学、河北科技师范学院等分别收集了当地枸杞的特异性种质资源。

中国首部野生枸杞保护条例——青海省《海西蒙古族藏族自治州野生枸杞保护条例》2015 年 7 月 1 日起正式实施，该条例首次对野生枸杞划定禁采期。每年的 6 月 1 日至 7 月 31 日为野生枸杞叶的采集期，8 月 1 日至 10 月 31 日为野生枸杞果的采集期，其余时间为禁采期。在禁采期采集野生枸杞果和叶的，没收采集的果和叶或违法所得，并处采集的果和叶价值或违法所得 3 倍以上 5 倍以下罚款。该条例的实施标志着中国第二大枸杞种植基地开启了依法治理的新时代，这将推动中国枸杞产业沿着依法有序的轨道不断迈上新台阶。

宁夏中宁县农业环保站于 2009 年在中宁县建立了野生枸杞原生境保护点，采取围封保护措施，2010—2015 年连续 6 年对围封保护下的野生枸杞恢复效果及多样性开展固定样方监测，结果显示黑果枸杞在保护区内呈明显的恢复趋势，但仍存在春旱和人为破坏的潜在威胁。

2.4 栽培现状

宁夏是我国枸杞主产区之一，基本能够代表我国枸杞的栽培现状。

枸杞栽培大体经历了"野生利用—人工驯化—集约化栽培—规范化栽培"4 个阶段。枸杞从品种培育、苗木繁育、规范建园、整形修剪、配方施肥、节水灌溉、病虫防治、适时采收、鲜果制干、拣选分级、储藏包装、档案管理等各个环节规范，形成了枸杞规范化（GAP）种植技术体系，经历了1999—2003 年的无公害生产、2002—2008 年绿色生产和 2016 年至今有机枸杞生产 3 个历程。

20 世纪 60 年代因枸杞种子繁殖苗变异率较高，不宜保持品种的优良性状，建议开展无性系繁殖。之后，宁夏及各引种区相继利用枸杞枝条开展无性系繁殖研究工作，陆续形成了完整的硬枝扦插、嫩枝扦插以及组织培养等苗木繁育技术体系，有效地提高了扦插成活率，缩短了育苗时间，实现了当年育苗、当年建园、当年投产。但黑果枸杞因生物习性特殊，植株低矮，果柄短、浆果软，采摘困难及市场需求等原因，其人工栽培发展得较为缓慢。此外，因为黑果枸杞多生于荒漠戈壁，生态环境保护政策一定程度上限制了对野生黑果枸杞的大量采摘，使其总体产量较少。

2.4.1 人工栽培现状

黑果枸杞的栽培历史较短，20 世纪末，才开始了黑果枸杞的人工驯化栽培，随后带动产业发展迅速。

2003 年，河北沧州渤海盐生植物研究所开始探索在我国沿海盐碱地引种栽培黑果枸杞的可行性，并获得 2006 年河北省科技计划项目，于 2008 年通过成果鉴定，项目整合基质育苗、整地、移栽、灌溉、田间管理、整形固定等各个环节总结出了重盐碱地人工栽培黑果枸杞技术，提出移栽株行距 0.6~1.0 m，灌溉可用淡水、地下咸水、淡水与海水混合水，偶尔可用海水浇灌，株冠整形固定的立桩法、搭架法等，充分利用盐碱荒地、重盐碱地、次生盐渍化耕地、沿海滩涂资源，拓展可耕地面积。

2005 年，永靖县黑果枸杞种质资源保护及繁育项目即开始启动工程实施。截至 2010 年 11 月 30 日，已完成了本项目的全部建设内容，完成总投资 212 万元。其中完成黑果枸杞种质资源保护区 100 亩，完成相应的围栏工程、补植补造、病虫害防治等抚育工程措施，需用投资 21.3 万元；种子园 100 亩，完成土地平整、改良、种苗、施肥、病虫害防治等抚育工程措施，需投资 37.24 万元、繁育园 100 亩。

2012 年，青海乐都县王海英成为种植黑果枸杞的带头人，各地区开展了黑果枸杞人工种植可行性分析和实地栽培，刘王锁对宁夏种植黑果枸杞产业化可行性进行了分析，至 2013 年末，央视农经频道报道，根据品质不同，当时黑果枸杞市场令人咋舌，每千克 4 000 元至 1.4 万元不等，这给黑果枸杞的人工栽培提供了客观需求。

2012 年，甘肃省永靖县林业局探索了黑果枸杞种子园建设技术，包括种源选择、园址选择、种苗栽培、施肥管理、整形修剪、病虫害防治、果实采摘及储藏等技术及经济效益，测定了栽植密度 1 m×2 m 时，黑果枸杞平均鲜果产量在 982 kg/亩，干果产量 72~110 kg/亩，并提出与枸杞类似的基础开心式加三层楼丰产树形的整形修剪模式。

2012 年新疆林业科学院对新疆枸杞属植物资源的经济价值、种植现状、地理分布、濒危状况和保护现状进行调查，结果表明新疆及国内枸杞种植基地大多以种植宁夏枸杞和枸杞 2 个栽培种为主，黑果枸杞已在国内有盐碱地的区域开始进行初步的引种试验，新疆尚未开展黑果枸杞的人工栽培。

2012 年，青海省农林科学院总结提出青藏高原黑果枸杞栽培技术，2014 年青海省乐都县果品基地黑果枸杞全部挂果（甘肃省种子管理局，2013）。

2013 年，新疆焉耆县开始种植黑果枸杞，主要由农户将野生黑果枸杞整株移栽到大田开始试种植，后将野生黑果枸杞种子取出，采用钵盘育苗方式将其变为"家养"黑果枸杞，从而引种成功。

2013年宁夏农林科学院报道嫩枝扦插、种子繁殖育苗技术，2015年宁夏海原县三河镇林业站于青海考察并采种，开展选地、整地、种子处理、播种、灌水、病虫害防治等种子育苗工作。

2013年，宁夏农林科学院枸杞研究所进行报道，从采穗园的建立、嫩枝扦插育苗、种子繁殖育苗等方面介绍了黑果枸杞苗木繁育技术；并从园区规划整治、苗木定植、肥水管理、整形修剪、果实采摘晾晒等方面介绍了黑果枸杞大田建园和管理技术，提出苗木定植行距为 2 m 或 2.5 m，株距为 0.5 m 或 1 m，修剪采用 3 年修剪的树体培养方式，定植 1 年约 30 cm，主干定高，选留 5~6 个侧枝作为第 1 层骨架枝培养，第 2 年选择距离第 1 层骨架枝 40 cm 处，方向分布均匀的枝条 5~6 个，作为第 2 层骨架枝条培养，第 3 年在距离第 2 层骨架枝 40 cm 处，选择方向分布均匀的枝条 4~5 个进行培养，培养第 3 层骨架枝，经过 3 年树体培养，株高达到 0.8~1.2 m，冠幅达到 0.6~1 m。

2013年以来，内蒙古阿拉善盟三旗开始重视黑果枸杞产业发展。额济纳旗 2013 年成立一家以黑果枸杞产业为主企业——额济纳旗天润泽生态技术有限公司，计划投资 2 000 万元，开发种植 2 000 亩黑果枸杞，现已完成投资 250 万元，种植 500 亩黑果枸杞，育苗 10 亩，2014 年底和 2015 年初可为市场提供 600 万株以上的种苗。同时，该公司在研究黑果枸杞人工种植技术、野生黑果枸杞繁育技术、黑果枸杞系列产品加工技术。2014 年，阿拉善左旗，腰坝、诺日公开始人工种植黑果枸杞种植试验。2014 年，阿拉善右旗雅布赖开始试验种植黑果枸杞，计划种植 500 亩。

2014年，内蒙古自治区林业科学研究院在黑果枸杞国内主要分布区采集资源，在内蒙古阿拉善盟、乌兰布和沙漠区域成功引种，种植黑果枸杞表现优良。河南方城平原、吉林松原栽培黑果枸杞成功。

2014年，宁夏农林科学院国家黑果枸杞工程研究中心从黑果枸杞栽植密度、土壤施肥、树体管理、果实采摘、果实制干、病虫害防治等方面总结了黑果枸杞的栽培技术，提出人工散户种植的适宜栽植株行距为 0.8 m×2.0 m，机械化规模种植的适宜栽植株行距为 0.8 m×2.5 m。对 6 个黑果枸杞优系进行田间试验，优系的苗木一致、果实颗粒大、性状稳定，而采用黑果枸杞商品苗进行生产建园则苗木田间表现不一致、性状不稳定、产量无保障。

2014年起，内蒙古自治区林业科学研究院、阿拉善盟林木种苗站从黑果枸杞良种选育、繁育及栽培管理技术、果实加工调制方面做了大量试验研究，共同研究形成了集"良种选育+播种/扦插育苗+定植+抚育管理+病虫害防治+果实加工调制+产品研发"于一体的黑果枸杞繁育栽培管理技术体系，先后发表学术论文10余篇，制定地方标准2项，企业标准2项，计算机软件著作权8项，选育出了黑果枸杞新品种2个，自治区级林木良种2个，开发出果枸杞阿胶糕、黑果枸杞酵素饮品等4款产品，建设完成1 500亩黑果枸杞种植繁育基地，产地和产品分别获农业部农产品质量安全中心无公害农产品产地和无公害农产品认证，成功完善了内蒙古自治区黑果枸杞人工繁育和栽培技术体系。

2015年新疆生产建设兵团第二师三十六团首次引种推广种植黑果枸杞，从新疆、甘肃、青海引种栽植黑果枸杞133.33余 hm^2，种植当年平均净利润1 500元/亩，并形成了适合当地的黑果枸杞栽培技术。

2016年1月，《兵团工运》报道了杜开琼2014年在青海学习考察后在新疆种植黑果枸杞年收入突破70万元。截至2015年，全国种植面积15万 hm^2，产值30亿元，种植区集中在青海、新疆、甘肃、宁夏、内蒙古等西北地区。

2016年，李四清根据气候信息对新疆莫索湾种植黑果枸杞的可行性进行了分析，认为莫索湾完全满足黑果枸杞生长发育需求，适合大面积发展黑果枸杞。

2016年辽宁根据地区黑果枸杞育苗和栽培管理的生产实践，以及对已有黑果枸杞栽培技术进行集成与创新，摸索出垄作技术及配套栽培技术，提出适宜辽宁地区生产的黑果枸杞繁育技术体系。

2.4.2　科研现状

（1）种苗繁育

2001年开始，内蒙古自治区林业科学研究院陆续开展了黑果枸杞播种繁育技术研究；2014年开展黑果枸杞良种选育与栽培技术试验示范，掌握了黑果枸杞硬枝扦插繁育技术和播种育苗技术，并制定发布了相关技术标准。

2005 年青海省化隆县林业局开展了不同种源野生黑果枸杞播种容器育苗试验，2006 年出苗率在 78.3%~98.8%，提出在集约管理的情况下，黑果枸杞播种深度越小越好，在大田规模播种的情况下，建议播种深度为 1.0 cm。

2008 年青海省农林科学院最早开展了黑果枸杞的整形修剪实践，采用对黑果枸杞每丛丛生枝分别保留 1 枝、3 枝、5 枝的 3 种处理，将保留的丛生枝上结果枝段截至 15 cm，保留的丛生枝夹角 30°，每丛丛生枝上配备 3~4 个交错分布的主侧枝，主侧枝相距 30 cm 左右。在主侧枝上选留 3 个斜升小枝，对天然黑果枸杞进行了整形修剪试验，整形修剪使黑果枸杞短结果枝比例增大，结果枝分布均匀，对地径无影响，对冠幅影响较大；修剪时保留 5 枝丛生枝的，短结果枝比例最大，单株鲜果产量明显提高，可在天然黑果枸杞人工林改造中推广应用。

2010 年青海省德令哈市林业工作站开展黑果枸杞人工驯化技术研究，采取容器育苗及造林试验。2014 年甘肃省古浪县引进野生黑果枸杞成品苗进行人工栽培试验，彼时尚未掌握系统的栽培、抚育管理等技术，未形成完善的周年管理历，科技服务工作相对滞后，种植水平不高。

2010 年青海省大通县黄家寨林业站、青海大学农牧学院农林系试验了不同生长调节剂对黑果枸杞硬枝扦插育苗的影响，出苗率 65%~78%。

2012 年甘肃省兰州市城关区农业技术推广服务中心、甘肃省兰州市城关区徐家山林场在不同处理条件下进行黑果枸杞硬枝扦插，成活率 83.3%，且由于水肥条件的变化，黑果枸杞棘刺明显减少，果柄变长，果实变大，相对易于采摘。

2013 年甘肃农业大学申请种子育苗专利"黑果枸杞优质种苗快速繁殖的方法"（CN 201310094393）。

2013—2014 年甘肃省酒泉市林业科学研究所开展了黑果枸杞人工温室繁育及拱棚移栽育苗试验，总结了种子采集与贮藏、种子处理、整地作畦、播种、苗期管理、拱棚移栽等各个技术环节。

2014 年西藏日喀则地区首次引种种植黑果枸杞，通过播种从青海引种黑果枸杞种子，出苗率高达 90%，从苗期生长状况和结实效果来看，黑果枸杞适应日喀则地区的土壤和气候环境，引种试验成功。

2014 年，内蒙古自治区阿拉善盟林业局及相关技术部门，在内蒙古自治区阿拉善左旗腰坝镇、阿拉善右旗雅布赖镇、额济纳旗达来呼布镇开始进行野生黑果枸杞驯化、引种、扦插，以及对比试验。

2015 年起，内蒙古自治区阿拉善盟林木种苗站曾陆续开展黑果枸杞繁育及栽培技术研究。2015 年开展阿拉善盟黑果枸杞良种选育及区域栽培试验项目并进行黑果枸杞良种选育及繁育和栽培技术研究，开展黑果枸杞良种选育，总结出黑果枸杞繁育及栽培技术，培育优良黑果枸杞苗木 10 亩，人工种植黑果枸杞 500 亩；2016 年开展黑果枸杞良种推广示范项目，完成黑果枸杞播种育苗和扦插育苗各 10 亩，人工栽培示范 400 亩，合作编制出《黑果枸杞育苗技术规程》（DB15/T 1289—2017）。

2016 年陕西杨凌引种青海黑果枸杞，实验室培养箱种子发芽率 95.1%，大棚苗床种子发芽率 82.3%，移植到苗盆成活率 81%，从苗盆移栽到大田成活率为 97.2%。

2016 年，内蒙古自治区林业科学研究院申请了发明专利"荒漠地区黑果枸杞高效播种育苗方法"（CN610913218.5）；2017 年成立内蒙古黑果枸杞工程（技术）中心，建立黑果枸杞种质资源圃 66 亩，繁殖苗木 50 多亩，共计 50 万株；通过技术集成和资源整合，建立了黑果枸杞全国引种试验点 14 个，黑果枸杞总推广面积达 0.865 2 万亩（彩图 2-2）。

（2）组织培养

2004 年，内蒙古自治区林业科学研究院采用带腋芽的嫩茎段，开展黑果枸杞组织培养研究，生根率达 88%，移栽到沙土：菜园土（1:1）或腐殖土、菜园土、珍珠岩（1:1:1）混合的基质后成活率 75%，培养 1 个月后移植到大田，成活率达 70%。

2014 年，甘肃省治沙研究所、甘肃农业大学等以黑果枸杞无菌苗的子叶、茎段、胚轴为外植体材料，研究不同激素配比的培养基对不同外植体愈伤组织培养、丛生芽增殖及生根培养的影响，并筛选适宜各个阶段培养的最佳培养基配方。结果表明，子叶是诱导黑果枸杞愈伤组织的最好外植体，较高浓度的细胞分裂 6-BA（6-苄氨基嘌呤）对丛生芽增殖具有明显的促进作用，生根时间最早，主根明显、粗壮且根毛数量多。

2015 年，甘肃省兰州市林木种苗繁育中心、甘肃农业大学林学院报道用青海诺木洪农场黑果枸杞野生优良单株上 1 年生休眠枝芽为试验材料，经消毒灭菌，芽诱导、继代、生根培养，筛选了适宜的培养基，进行炼苗培养，成活率80%以上。

2016年，西北师范大学报道研究了黑果枸杞在实验室条件下的组织培养和快速繁育，对甘肃省民勤县黑果枸杞的愈伤组织诱导、不定芽分化、诱导生根的培养条件进行筛选，逐级炼苗后试管苗大田移栽成活率达90%。

2016年，吉林延边大学农学院以大果黑果枸杞嫩茎作为外植体，以MS为基本培养基，研究了大果黑果枸杞组织快繁体系技术，适合初代培养的培养基配方为MS+ZT（激动素）0.2 mg/L+IBA（吲哚丁酸）0.01 mg/L，在此培养基上腋芽萌芽率达88.73%，适合组培苗生根的培养基为MS+IBA 1.0 mg/L，组培苗生根率100%，炼苗移栽基质（腐殖土∶珍珠岩＝1∶1）上苗木成活率92.37%。2016年吉林延边大学农学院园艺园林系，以黑果枸杞组培苗顶端叶片为试材，以秋水仙素作为诱变剂，采用施入法，对黑果枸杞进行多倍体诱导，通过染色体计数法鉴定出4株多倍体植株。

2016年，河北科技大学生物科学与工程学院报道以黑果枸杞叶片、茎段和腋芽为外植体，以MS为基本培养基，附加不同浓度的植物生长调节剂进行愈伤组织的诱导、增殖及不定芽分化研究。结果表明黑果枸杞叶片、茎段和腋芽均可诱导愈伤组织，茎段诱导率最高，并筛选出了茎段愈伤组织诱导、增殖及再生芽分化的适宜培养基。

2017年，宁夏大学生命科学院报道了开展黑果枸杞多倍体诱导及鉴定。以黑果枸杞二倍体种子经浸泡后的吸胀种子与萌动种子为材料，用不同浓度的秋水仙素进行不同时间诱导处理后，建立的黑果枸杞多倍体诱导方法以及利用流式细胞仪进行细胞核DNA含量测定分析植株倍性技术可方便快速地培育出黑果枸杞多倍体植株，为黑果枸杞新品种选育提供参考。

2021年，内蒙古自治区林业科学研究院选取田间野生植株嫩叶为外植体，采用"两步成苗法"，直接诱导叶片产生不定芽，将黑果枸杞组培繁殖期缩短到70 d左右，极显著地提高了黑果枸杞组培扩繁效率，进一步推进了黑果枸杞工厂化育苗技术。

（3）嫁接技术

2015年，新疆维吾尔自治区巴音郭楞蒙古自治州草原工作站、新疆维吾尔自治区巴音郭楞蒙古自治州林业科学研究所报道了黑果枸杞地下垂直茎接穗属性特质及与枸杞嫁接成活效果研究，首次确立黑果枸杞地下垂直茎可作为接穗使用的属性特质，并采用这种接穗，首次进行了黑果枸杞与枸杞不同方法、不同生长季的嫁接研究，结果表明采用劈接、切接、舌接3种嫁接方法成活率均达80%以上，劈接法不同生长季嫁接，3月下旬至6月中旬为适宜嫁接时间，成活率40%~90%，4月中旬至5月中旬为其最佳嫁接时间，成活率达90%，7月中旬、8月中旬仅出现个别萌梢而无存活，为不宜嫁接时间。解决了黑果枸杞因多棘刺、枝条硬干扰影响嫁接质量和效率的问题。

2016年，内蒙古自治区林业科学研究院以宁夏枸杞为砧木，以黑果枸杞地下垂直茎、硬枝为接穗，采用劈接的方法嫁接黑果枸杞，拟提高苗木高度，解决黑果枸杞低矮难管理、采摘困难的问题。结果以春季嫁接地下垂直茎为接穗的嫁接苗当年成活率最高，2年生黑果枸杞地下垂直茎接穗嫁接后当年即挂果，但均不同程度存在接口愈合不好，遇风易折的问题。

（4）水肥管理

2005年，青海省林业科学研究所对盆栽的2年生黑果枸杞采用土壤人工控水方式进行干旱生理试验，通过叶片光合参数的变化规律，研究黑果枸杞对土壤干旱的相对适应性，得出最适于光合作用、蒸腾作用和叶片水分利用的土壤含水量分别为17.2%、18%和17.6%；土壤水分控制在17%~19%时，黑果枸杞生长最佳。

2007年青海省农林科学院最早开展了黑果枸杞施肥探索，提出在青海省格尔木地区人工栽培时，对于树高80 cm左右的单株，施用N肥和P肥时，施用量分别控制在0.07~0.13 kg/株和0.05 kg/株，即尿素施用量在0.214~0.278 kg/株、过磷酸钙施用量为0.12 kg/株时可促进苗木生长和产量的有效提高，达到丰产效果。

2013—2014年，新疆农业大学研究新疆博乐市气象因子与黑果枸杞叶水势的关系及其灌水周期，以黑果枸杞形态指标、叶水势与土壤含水率的变化过程作为依据确定了最长的灌水周期，根据土壤含水率的变化过程与黑果枸杞形态指标的影响可知，当地黑果枸杞的最长灌水周期22 d，灌水定额225 m³/hm²，灌水次数7次，年灌水量为1 575 225 m³/hm²。

2015年，青海大学农林科学院以2年生黑果枸杞苗木为对象，采用盆栽的方式研究了土壤水分含量（SWC）对青海高原黑果枸杞的光合速率（Pn）、蒸腾速率（Tr）、水分利用率（WUE）等光合因子的影响，结果表明黑果枸杞 SWC 在 11%~17%，既可维持它们较高的 Pn，又能保证较高的 WUE，水分变化对黑果枸杞的 Pn 和 Tr 变化影响幅度小，即黑果枸杞对 SWC 的变化及水分胁迫较强，且能保持水分的高效利用。

2016 年，新疆西部绿洲生态发展有限责任公司以 3 年生青海诺木洪黑果枸杞为试材，研究了不同土壤水分条件下黑果枸杞光合特性及产量分析，结果认为适度水分亏缺可提高黑果枸杞水分利用效率，但持续水分胁迫不利于黑果枸杞对水分的吸收，并根据产量效益最大原则和土壤水分的可持续利用原则，在黑果枸杞种植时采用 3 000 m³/hm² 的灌水量效果较好，提出了人工栽培黑果枸杞的水分管理建议。

2016 年 5 月，内蒙古阿拉善盟林木种苗站为开展黑果枸杞不同种源在阿拉善左旗的区域优选和适宜灌溉量优化。选择甘肃民勤、新疆库尔勒、内蒙古额济纳旗和青海诺木洪 4 个种源区的黑果枸杞 1 年生幼苗，通过生长期不同灌溉水量的田间控制试验，对比分析了各试验小区生长季土壤含水量、生长季末幼苗存活率及株高、地径和新梢长度等生长指标。结果表明，新疆库尔勒种源区的黑果枸杞在阿拉善左旗的表现优良，可作为大田栽培推广的种源；不同种源区的黑果枸杞，在生长最优目标下的适宜灌溉制度为生长季每隔 20 d 灌溉 1 次，连续灌溉 5 次，每次灌水量为 870 m³/hm²。

2.5 选育现状

近年来，随着国家种业振兴计划的实施，枸杞新品种选育取得一系列重大创新成果。

枸杞主要栽培种类和品种较多，我国劳动人民在生产中有目的地选留良种，先后筛选出大麻叶、小麻叶等 10 多个农家栽培品种。中华人民共和国成立后，随着枸杞研究工作的逐渐加强，特别是 20 世纪 70 年代到 21 世纪初，采用单株选优、杂交育种、航天育种、分子育种等多种手段，陆续选育出宁杞 1~10 号、蒙杞 1 号、精杞 1~6 号、柴杞 1~2 号、青杞 1~2 号、昌选 1 号；通过杂交育种，培育出三倍体无籽枸杞宁农杞 1~3 号；通过倍性育种方法，获得了三倍体品种99-3、四倍体宝杞1号；通过诱变育种方法，选育出优良新品系1036，筛选到抗性愈伤组织变异体；通过花培育种方法，获得了宁农杞8号的花培植株等。

2005年，河北科技师范学院培育出多倍体菜枸杞新品种'天精1号'并通过审定，属于软枝枸杞，丛状生长，每丛10~20条枝，枝长100~250 cm，当年生枝条灰白色。叶单生，长椭圆形，平均叶面积50 cm²左右、厚0.6 mm。枝条柔软，营养生长旺盛，生殖生长弱，有利于高品质枸杞菜的生产。萌芽早，生长速度快，可食嫩枝长达16.5 cm，嫩茎鲜重3.5 g，产菜量高，亩产3 500 kg左右。口感好，品质优，粗蛋白质44.71%，粗脂肪1.96%，氨基酸总量31.12%；微量元素锌55.65 mg/kg，铁129.94 mg/kg，钙2 613.5 mg/kg；枸杞多糖7.16%。抗病性好。

2013年，青海大学农林科学院林业科学研究所选育出枸杞新品种'青杞1号'并通过审定。'青杞1号'表现出生长快、自交亲和水平高、抗逆性强、丰产、稳产、果粒大、等级率高等特点。鲜果单果重1.638 g，较'宁杞1号'的1.158 g增加近29.3%；干果等级率110~130粒/50 g，较'宁杞1号'提高一个等级；枸杞多糖含量6.89 g/100 g，比'宁杞1号'增加8.65%；花青素5.74 mg/100 g，比'宁杞1号'增加18.3%；胡萝卜素1.45 mg/100 g，比'宁杞1号'增加7.86%。该品种适宜生长在青海省柴达木盆地和共和盆地海拔3 000 m以下，10℃有效积温大于1 500℃的区域栽培。诺木洪地区亩产250~300 kg，最高可达500 kg，混等干果180粒/50 g，特优级果率95%左右。

2014年，青海省海东市乐都区紫元生态科技开发有限公司与甘肃、青海两省知名枸杞专家进行专业技术合作，从事黑果枸杞人工栽培技术研究，以青海优质野生黑果枸杞为母本树，组织专家进行黑果枸杞人工驯化工作和优良品种的优选优育工作，目前已经培育出了'紫宝一号'和'紫宝二号'2个系列的优质黑果枸杞人工种植品种。

2014年，新疆精河县枸杞开发管理中心、新疆林业科学院经济林研究所采用单株选育，联合培育枸杞新品'精杞4号''精杞5号''黑杞1号'，'黑杞1号'是利用野生枸杞资源选育的枸杞新品种，富含蛋白质、枸杞多糖、氨基酸、维生素、矿物质、微量元素、天然原花青素等多种营养成分，有效解决了新疆枸杞自主生产品种缺乏的现状。

2017 年，青海大学农林科学院选育出黑果枸杞新品种'青黑杞 1 号'并通过审定。'青黑杞 1 号'以丰产和便于采摘为选育目的，采用选择育种的方法，通过大范围收集枸杞优良单株，经单株选优试验，无性扩繁形成优良无性系。该品种产量比常规实生苗栽培种高出 30% 以上。适宜在青海柴达木地区，海拔 3 000 m 以下，10℃有效积温大于 1 500℃的区域栽培。该品种的培育填补了黑果枸杞人工栽培品种的空白。

2018 年，自宁夏实施枸杞新品种选育以来，将分子辅助育种技术和传统育种技术相结合，持续开展枸杞育种技术研究、新品种选育和转化应用，收集定植枸杞种质资源 76 份；系统开展 311 份枸杞种质资源的农艺性状、品质性状、抗逆性的鉴定评价，筛选出具有抗病、耐盐、高光效等优质资源 15 份，挖掘关键基因 12 个；配置杂交组合 160 个，获得杂交群体 3 万余株，创制优异种质材料红果 44 份、黄果 3 份、黑果 2 份、单倍体 2 份。获得国家新品种保护权证 5 个；2022 年完成新品种保护现场实审 9 个；选育的新品种（系）与对照相比，表现出结果整齐、颗粒度大、丰产性好，具备稳定性、特异性和一致性。其中，新品种'宁农杞 15 号'是继'宁杞 7 号'之后又一丰产优质新品种；'科杞 6082'是锁鲜制干新工艺的适宜品种；黄果枸杞'宁农杞 19 号''宁农杞 20 号'出汁率可达 80% 以上，适宜榨取鲜汁；选育的黑果枸杞'宁黑杞 1 号'，花色苷高达 5.5%，比野生黑果枸杞花色苷含量提高 30% 以上，结束了宁夏黑果枸杞无人工培育品种的历史。宁夏枸杞工程技术研究中心采用群体选优等育种方法，先后选育出果实颗粒大、坐果率高、丰产性好的黑果枸杞新优系 18 份。

2018 年，内蒙古自治区阿拉善盟林木种苗站，通过在额济纳旗选择一片长势好、无病虫害的天然黑果枸杞林，确定为黑果枸杞优良种源区。选择树冠大，冠形好，结果枝多，果粒大，果实整齐的候选优势树，根据测定选育指标，选出优势树。用优势树材料进行无性扩繁，对优良单株的无性扩繁成活率以及苗高、地径、主根长进行测定，连续 4 年的区域对比试验，综合 3 个不同区域产量调查结果和分析，选育出高产、稳产、果粒大、适应性强的黑果枸杞优良新品种'居延黑杞 1 号'，具有很好的食用价值和较大的推广潜力。

2020 年，甘肃省白银市农业技术服务中心培育出的枸杞新品种'甘杞 1

号'被审定通过,填补了甘肃省枸杞新品种评价标准的空白。'甘杞1号'品种特异性显著,具备性能稳定、抗病性强、适应性广、自交亲和力强、丰产、稳产、果型大、优等率高等品种特性,较现有枸杞品种可实现增产15%、采摘效率提高25%、农药用量减少18%的综合优势,适宜甘肃各枸杞产区广泛种植。

2021年,甘肃省靖远县农业农村局农业技术服务中心培育出枸杞新品种'甘杞2号'并通过审定。'甘杞2号'具备性能稳定、抗病性强、适应性广、自交亲和力强、丰产、稳产、果型大、优等率高等品种特性,较现有枸杞品种可实现增产15%、采摘效率提高25%的综合优势,适宜甘肃各枸杞产区广泛种植。

2022年,内蒙古自治区林业科学研究院致力于黑果枸杞种质资源收集、创新与评价工作,围绕花青素含量、枝刺、果实大小、饲用价值等指标开展定向选育,选育出黑果枸杞'荣杞1号'、黄果枸杞'林杞5号',与内蒙古农业大学联合选育出黑果枸杞'林杞1号',并通过国家林业和草原局现场实质审查。新选育的这些枸杞品种具有多用途、生长势好、抗逆性强、枝刺少等优良特性,结束了内蒙古黑果枸杞无人工培育新品种的历史。内蒙古黑果枸杞工程技术研究中心采用优良种源选育、自然群体选优等育种方法,初选育出果实颗粒大、丰产性好的黑果枸杞新优系11份。

从新品种的审定数量和时间来看,黑果枸杞栽培品种近5年才陆续培育出,而且品种种类较少(表2-1、图2-2)。

表 2-1 黑果枸杞品种

品种名称	审(认)定时间	培育单位
紫宝一号	2014 年	青海乐都
紫宝二号	2014 年	青海乐都
黑杞 1 号	2014 年	新疆精河枸杞开发管理中心、新疆林业科学院经济林研究所、和静县林业局
青黑杞 1 号	2017 年	青海大学农林科学院
金墨珠	2018 年	马惠杰(个人选育)
居延黑杞 1 号(优良无性系)	2018 年	阿拉善盟林木种苗站
宁黑杞 1 号	2022 年	宁夏农林科学院枸杞科学研究所
荣杞 1 号	2022 年	内蒙古自治区林业科学研究院

（续表）

品种名称	审（认）定时间	培育单位
林杞 1 号	2022 年	内蒙古农业大学
林杞 5 号	2022 年	内蒙古自治区林业科学研究院

按照以上文献资料、新闻报道梳理，我国对野生黑果枸杞的研究大约始于 20 世纪末，2002 年开始了野生黑果枸杞的人工驯化工作，2004 年开展组织培养研究，2015 年左右采用的黑果枸杞组织培养材料多元化；2005 年开始播种育苗实践，2010 年开始了硬枝扦插育苗实践；2005 年开始盆栽干旱生理实验，2007 年提出人工栽培施肥化肥技术；2008 年提出了重盐碱地黑果枸杞栽培技术并开始了黑果枸杞天然林实践整形修剪技术研究；2014 年国内开始出现大面积的黑果枸杞人工栽培并陆续提出了黑果枸杞栽培的水分管理建议；2016 年形成黑果枸杞嫩枝扦插技术规程，2017 年各省（区、市）研究学者陆续颁布了黑果枸杞育苗技术规程，2021 年各省（区、市）黑果枸杞栽培技术规程颁布（图 2-2）。

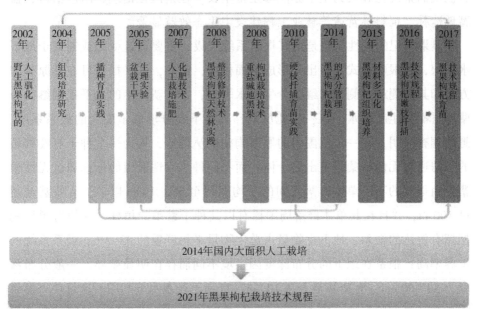

图 2-2 中国黑果枸杞栽培简史

3 生态效益、药食价值和经济价值

3.1 黑果枸杞的生态效益

黑果枸杞的自然寿命在 40~60 年，喜光，抗逆性强，耐寒、耐高温、耐盐碱、耐干旱，对土壤要求不严格，在荒漠地区、河床沙滩均能正常生长，野生的黑果枸杞适应性很强，能忍耐 38.5℃ 高温，耐寒性亦很强，在 -25.6℃ 下无冻害，对土壤养分以及含盐量要求极低，野生的黑果枸杞生长的 0~10 cm 土层土壤含盐量可达 8.9%，10~30 cm 土层土壤含盐量可达 5.2%，根际土壤含盐量达 2.5%，耐盐碱能力强，析盐能力理想，土壤中 pH 值为 8.0~8.5，甚至 pH 值在 10.0 时也能够生长，在较高含钙量和较少有机质的荒漠土和灰钙土中亦能够正常生长，在荒漠化治理、防沙治沙、盐碱地造林、饲料林营造等林业工程建设中生态效益显著。

黑果枸杞的无性繁殖是由其根系系统完成，主要通过横卧或匍匐于地下水平根，以根蘖形式繁殖出根形成地面植株，此外，水平根还可在其原延伸方向和其两侧或一侧方向继续分生新水平根，这些新分生的水平根则继续分蘖和再次分生新的水平根，如此反复，其地下部分形成了庞大的根系系统。野外调查表明，在一定范围内的黑果枸杞株丛群落，均为一个种子有性繁殖的母株通过无性根蘖繁殖出的个体，而不同种子有性繁殖的母株通过无性根蘖繁殖形成的不同单体群落之间的平均间距至少在 10 m 以上，有些甚至超过 100 m，并且在其单体群落周围稀有以其种子繁殖的植株，这使得黑果枸杞拥有发达的根系，地下生物量占总生物量平均鲜重的 33.2%，根系系统的供养率高；根系在地下的分布深度因生境不同而存在明显差异，一般分布深度为 30~50 cm，有些甚至不足 10 cm，有利于浅表水分利用。这就使得黑果枸杞灌丛具有很好的自集水功能，可以使降雨事件的水量通过树冠枝条的汇流在根区土壤储存，在根区土壤形成"湿岛"，避免无效蒸发，从而成为有效水分。

黑果枸杞群落高度一般 25～70 cm，在新疆库尔勒、若羌一带有时可高达 100 cm 以上，群落盖度受环境影响较大，变幅一般在 5%～80%，因而有不同程度降低风速、阻截风沙流的作用，随着枸杞植株树龄的增加和覆盖度的增加，下垫面的粗糙度随之增加，再加上植物本身的阻沙作用，能有效地阻截外来流沙的前移，这对于保护绿洲，防止沙漠化扩展具有重大的意义。

黑果枸杞灌丛对近地层光照强度有一定的调节作用，随太阳辐射后，一部分被吸收、反射，另一部分到达林内，林内的辐射强度不同，可不同程度地调节空气温度，提高空气温度，减少蒸发，从而起到调节、改善小气候的作用。

黑果枸杞灌丛影响着土壤养分、水分、微生物等的分布，进而影响植物的分布和生长发育状况，导致土壤养分和土壤颗粒分布产生不均一性，与灌丛外相比，灌丛内的土壤和微生态条件有显著改善。黑果枸杞根际细菌的 R/S 为 150.42，根际正效应显著，其次是真菌，R/S 为 3.09，这均有利于植物的生存和扩繁，使养分在灌丛下聚集从而形成"肥岛"效应，进而影响着干旱区生态系统养分的转化和物质与能量的流动。

黑果枸杞灌丛为部分荒漠植物提供了适宜的繁衍生境，是荒漠区鼠类、石鸡等中小型野生动物资源的庇护所，对维持脆弱的荒漠生态系统及生物多样性具有重大意义。

3.2 黑果枸杞的药食用价值

黑果枸杞除具有重要的生态作用外，其食用、药用、保健价值远远高于普通红枸杞，被誉为野生的"蓝色妖姬"、高原的"黑珍珠"。黑果枸杞鲜果含丰富的蛋白质、脂肪、多糖、青花素。此外矿物质元素丰富，其中钾的含量最高。同时果实所含的微量元素也很丰富，除常量元素 Na、K、Mg、Ca、Fe 之外，还含有一定量的微量元素 Mn、Sr、Se、Zn、Cr、Cu 等。

3.2.1 有效成分分析

（1）原花青素

原花青素（Proanthocyanidins，PC）是植物中广泛存在的多酚化合物的总称，在植物的花、果实等营养器官和根茎叶等营养器官的细胞质中广泛存在，是构成植株花和果实的主要色素之一。对于植物来说，原花青素具有抗病虫害、抗紫外线、调节种子休眠和萌发等生理功能的作用，并能影响作物的消化性、适口性和保健价值等品质。原花青素具有极强的抗氧化作用，可有效消除大量的自由基，保护脂质不发生过氧化损伤；还可以保护和稳定维生素 C，有助于维生素 C 的吸收与利用。

逄蕾等对内蒙古额济纳、青海诺木洪和新疆库尔勒三地的黑果枸杞的原花青素的含量采用紫外分光光度计法进行测定，青海诺木洪、内蒙古额济纳和新疆库尔勒的黑果枸杞中原花青素的含量分别为 21.31 mg/g、40.68 mg/g 和 14.36 mg/g。原花青素与不同产地的日照时数相关性达 0.896（$P < 0.01$）。额济纳地区的黑果枸杞中原花青素的含量显著高于其他 2 个产地，诺木洪的黑果枸杞中原花青素的含量显著高于库尔勒的黑果枸杞中原花青素的含量。

光对植物的生长发育起着重要的调节作用，也是影响原花青素合成最重要的环境因子之一，大多数植物中原花青素的合成需要有光的诱导，光质、光强、光照时间等都会影响原花青素的合成与积累。额济纳的年日照时数高达 3 400 h 以上，诺木洪的年均日照时数长达 3 250 h，库尔勒的年总日照数为 2 990 h。由于额济纳日照时数大于诺木洪和库尔勒，所以额济纳地区的黑果枸杞中原花青素的含量显著高于诺木洪和库尔勒。

杨阳等采集来自青海、甘肃、新疆、内蒙古不同种源、不同种植地中野生与人工栽种黑果枸杞果实，使用紫外分光光度计法测定果实中原花青素含量，发现黑果枸杞原花青素含量受到种源、种植地等因素控制。

不同种源黑果枸杞原花青素含量存在显著差异；由图 3-1 看出，4 个种源的黑果枸杞原花青素含量差异较大，含量由大到小依次为内蒙古、青海、甘肃、新疆种源。其中，内蒙古种源（9.40 mg/g）与青海种源（8.37 mg/g）不存在显著差异；内蒙古种源、青海种源显著高于甘肃种源（7.35 mg/g）和新疆种源（6.69 mg/g）。

通过分析比较额济纳旗、阿拉善左旗两地种植黑果枸杞原花青素含量发现，阿拉善左旗两地果实原花青素含量存在显著差异（图 3-2）。其中额济

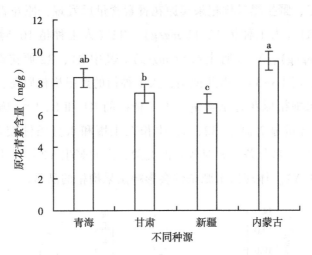

图3-1　不同种源区黑果枸杞原花青素的含量比较

注：小写字母表示处理间 0.05 水平上差异显著。

纳旗的果实原花青素含量最高，达到 10.43 mg/g，阿拉善左旗锡林高勒和塔尔岭果实原花青素含量分别为 5.62 mg/g、6.21 mg/g。种植于额济纳旗的黑果枸杞果实原花青素含量分别高出阿拉善左旗锡林高勒和塔尔岭 40% 和 46%，而种植于阿拉善左旗两地的黑果枸杞之间不存在显著差异。

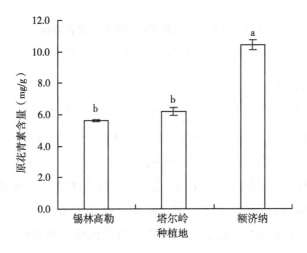

图3-2　不同种植地黑果枸杞原花青素的含量比较

注：小写字母表示处理间 0.05 水平上差异显著。

　　测定人工、野生黑果枸杞果实原花青素含量后发现，原花青素含量由大到小依次为 R1（人工种植 12.11 mg/g），R2（人工种植 10.54 mg/g），Y2（野生 7.93 mg/g），Y1（野生 6.51 mg/g）。其中 R1、R2 原花青素含量显著高于 Y1、Y2（图 3-3）。由此说明，人工种植的黑果枸杞原花青素含量显著高于野生黑果枸杞原花青素含量；人工种植的 R1 和 R2 中，施肥条件下的 R1 原花青素含量显著高于 R2；Y2 生长在土壤和水分条件较好的田埂旁，Y1 生长在养分、水分条件相对较差的戈壁，因此野生 Y2 样品中的原花青素含量显著高于 Y1。体现出水肥条件会影响黑果枸杞的品质。

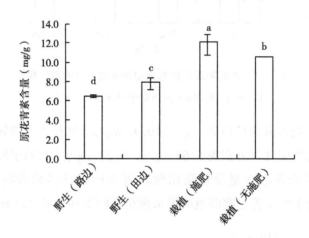

图 3-3　野生和人工黑果枸杞原花青素含量对比

注：小写字母表示处理间 0.05 水平上差异显著。

（2）水溶性维生素分析

　　维生素 C 作为植物体内主要的抗氧化物质，存在于大多数植物组织中。在植物抗氧胁迫中，维生素 C 可以直接与 OH^-、O_3^- 和 H_2O_2 等活性氧反应。维生素 C 作为植物体内许多重要酶的辅酶，参与次生代谢物、植物激素的合成和一些氨基酸残基的羟基化作用。最新研究表明植物叶片中维生素 C 可以起调控植物体防御基因表达的作用。叶酸（维生素 B_9）是植物体内生化反应中一碳单位转移酶系的辅酶，主要参与的生化反应有嘌呤和嘧啶的合成，DNA 和 RNA 的合成，甲基化合物的合成，氨基酸代谢等反应。维生素 B_2 又叫核黄素，主要参与的生化反应有嘌呤碱的转化，氨基酸、脂类氧化，蛋白质与某些激素的合成等反应，铁的转运、储存及动员，以及叶酸、维生素

B_6、烟酸和吡多醛的代谢等都与维生素 B_2 有关。烟酰胺是烟酸（维生素 B_3）的酰胺。烟酰胺可以在体内由烟酸转换。烟酰胺为辅酶 I 和辅酶 II 的组成部分，在生物氧化呼吸链中起着传递氢的作用，可促进组织新陈代谢和生物氧化过程，对于维持正常组织的完整性具有重要作用。维生素 B_6 又叫吡哆素，不耐高温且遇光或碱易破坏。维生素 B_6 要参与的生化反应有蛋白质合成与分解代谢，氨基酸、维生素 B_{12} 和叶酸盐的代谢，核酸和 DNA 合成等。维生素 B_{12} 又叫钴胺素，是唯一含金属元素的维生素。易溶于水和乙醇，在弱酸（pH 值为 4.5~5.0）条件下最稳定，强酸或碱性溶液中分解。维生素 B_{12} 主要参与的生化反应有蛋氨酸、胸腺嘧啶的合成，叶酸的转移和储存，碳水化合物、脂肪和蛋白质的代谢，氨基酸核酸的生物合成等。

逢蕾等对内蒙古额济纳、青海诺木洪和新疆库尔勒三地的黑果枸杞果实中的水溶性维生素（维生素 B_2、维生素 B_6、维生素 B_{12}、维生素 C、烟酰胺、叶酸）含量采用高效液相色谱法进行测定后有如下发现。

诺木洪、额济纳和库尔勒地区的黑果枸杞中含维生素 C 分别为 1.53 mg/g、1.23 mg/g 和 0.86 mg/g。图 3-4 表明诺木洪的黑果枸杞维生素 C 的含量显著高于库尔勒地区。额济纳的维生素 C 的含量介于诺木洪和库尔勒之间，但没有明显的显著差异性。

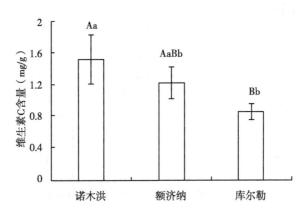

图 3-4　不同产地黑果枸杞维生素 C 含量比较

注：大写字母表示处理间 0.01 水平上差异显著，小写字母表示处理间 0.05 水平上差异显著。

额济纳、库尔勒和诺木洪地区的黑果枸杞中叶酸含量分别为 8.89 mg/g、

24.75 mg/g 和 14.22 mg/g。从图 3-5 可知，额济纳地区的叶酸含量显著低
于其他两地。库尔勒地区的黑果枸杞中叶酸的含量显著高于诺木洪的黑果枸
杞中叶酸的含量。

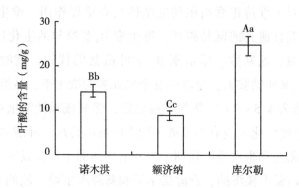

图 3-5 不同产地黑果枸杞叶酸含量比较

注：大写字母表示处理间 0.01 水平上差异显著，小写字母表示处理
间 0.05 水平上差异显著。

额济纳、库尔勒和诺木洪地区的黑果枸杞中维生素 B_2 含量分别为
10.85 mg/g、5.51 mg/g 和 3.32 mg/g。从图 3-6 可知，额济纳地区的维生
素 B_2 含量显著高于其他两地。库尔勒和诺木洪的黑果枸杞中维生素 B_2 的含
量没有明显的差异性。

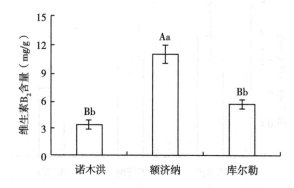

图 3-6 不同产地黑果枸杞维生素 B_2 含量比较

注：大写字母表示处理间 0.01 水平上差异显著，小写字母表示处
理间 0.05 水平上差异显著。

诺木洪、额济纳和库尔勒的黑果枸杞中的烟酰胺含量分别为 0.76 mg/g、

9.44 mg/g 和 8.23 mg/g。从图 3-7 可知，诺木洪的黑果枸杞中烟酰胺的含量显著低于额济纳和库尔勒的烟酰胺的含量，额济纳的黑果枸杞中烟酰胺的含量显著高于诺木洪。

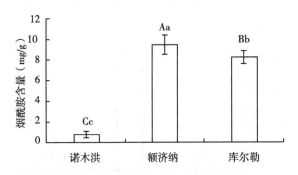

图 3-7　不同产地黑果枸杞烟酰胺含量比较

注：大写字母表示处理间 0.01 水平上差异显著，小写字母表示处理间 0.05 水平上差异显著。

诺木洪、额济纳和库尔勒地区的黑果枸杞中维生素 B_6 的含量分别为 16.69 mg/g、8.40 mg/g 和 3.04 mg/g。图 3-8 表明，诺木洪的维生素 B_6 含量显著高于其他 2 个地区，库尔勒的维生素 B_6 含量显著低于诺木洪和额济纳地区。

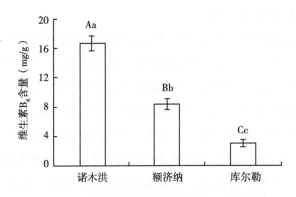

图 3-8　不同产地黑果枸杞维生素 B_6 含量比较

注：大写字母表示处理间 0.01 水平上差异显著，小写字母表示处理间 0.05 水平上差异显著。

诺木洪、额济纳和库尔勒地区的黑果枸杞中维生素 B_{12} 的含量分别为 4.23 mg/g、35.35 mg/g 和 6.09 mg/g。从图 3-9 可知，库尔勒的黑果枸杞中维生素 B_{12} 的含量与额济纳地区的维生素 B_{12} 的含量具有显著差异性，并且诺木洪的黑果枸杞中维生素 B_{12} 的含量显著低于其他 2 个地区。

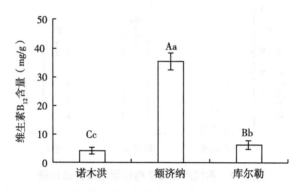

图 3-9   不同产地黑果枸杞维生素 B_{12} 含量比较

注：大写字母表示处理间 0.01 水平上差异显著，小写字母表示处理间 0.05 水平上差异显著。

不同产地水溶性维生素含量分析为诺木洪的黑果枸杞中维生素 C、维生素 B_6 的含量最高；额济纳的黑果枸杞中维生素 B_2、烟酰胺、维生素 B_{12} 的含量最高；库尔勒的黑果枸杞中叶酸的含量最高。

（3）脂溶性维生素分析

维生素 K 是脂溶性维生素的一种，已经发现有 2 种天然的维生素 K_1 和维生素 K_2，其中维生素 K_1 是在植物中提出的油状物；维生素 K_2 是在动物中获得结晶体。维生素 K_1 的化学性质都较稳定，能耐酸、耐热，但对光敏感，也易被碱和紫外线分解。维生素 D 为固醇类衍生物，由于具抗佝偻病作用，因此又称抗佝偻病维生素。维生素 D 是一种脂溶性维生素，存在于部分天然食物中。锌作为植物生长必需的微量营养元素之一，能够增强呼吸作用和光合作用并且能够激发细胞活力，使果实的抗盐碱、抗病、抗逆、耐寒、耐旱能力提升。

逄蕾等对内蒙古额济纳、青海诺木洪和新疆库尔勒三地的黑果枸杞果实中的脂溶性维生素（维生素 D、维生素 K_1）含量采用高效液相色谱法进行测定后有如下发现。

如图 3-10 所示，诺木洪的黑果枸杞中含维生素 K_1 6.71 μg/g，额济纳地区的黑果枸杞含维生素 K_1 5.56 μg/g，库尔勒的黑果枸杞含维生素 K_1 0.85 μg/g。诺木洪和额济纳地区的黑果枸杞中维生素 K_1 含量没有显著差异性，但是诺木洪、额济纳地区的黑果枸杞中维生素 K_1 含量显著高于库尔勒。

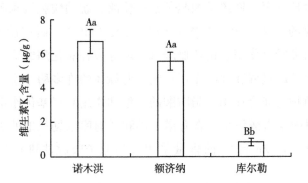

图 3-10 不同产地黑果枸杞维生素 K_1 含量比较

注：大写字母表示处理间 0.01 水平上差异显著，小写字母表示处理间 0.05 水平上差异显著。

如图 3-11 所示，诺木洪、额济纳和库尔勒的黑果枸杞中维生素 D 的含量分别为 72.56 μg/g、62.62 μg/g 和 46.52 μg/g。诺木洪的黑果枸杞中维生素 D 的含量与额济纳的含量之间没有显著差异性，库尔勒的黑果枸杞中维

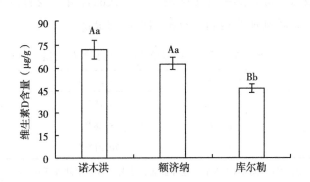

图 3-11 不同产地黑果枸杞维生素 D 含量比较

注：大写字母表示处理间 0.01 水平上差异显著，小写字母表示处理间 0.05 水平上差异显著。

生素 D 的含量却显著低于其他两地。

（4）微量元素含量分析

锌能间接影响生长素的合成并且与植物的光合作用具有密切关系，叶绿素光化学反应的发生可能为锌所催化。铁是形成叶绿素所必需的元素。然而叶绿素本身并不含铁，但缺铁叶绿素就不能形成，会造成"缺绿症"，影响黑果枸杞的生长发育。铁还是细胞色素氧化酶、琥珀酸脱氢酶和过氧化氢酶等许多氧化酶的组成成分，影响呼吸作用及 ATP（三磷酸腺苷）的形成。铜是植物体内多酚氧化酶、抗坏血酸氧化酶等多种氧化酶组成成分，影响植物体内的氧化还原过程和呼吸作用；铜在叶绿体的许多酶中扮演着重要的角色，可影响植物的光合作用；脂肪酸的去饱和作用和羟基化作用。

逄蕾等对内蒙古额济纳、青海诺木洪和新疆库尔勒三地的黑果枸杞果实中的微量元素 Cu、Zn 和 Fe 的含量采用火焰原子吸收法进行测定后有如下发现。

铜的含量在诺木洪、额济纳、库尔勒三地介于 $15 \sim 40$ μg/g，锌的含量介于 $50 \sim 80$ μg/g，铁的含量介于 $35 \sim 60$ μg/g。表明黑果枸杞微量元素中锌的含量较高。三地的黑果枸杞中铁的含量略低于锌。

由表 3-1 可知，诺木洪和库尔勒的黑果枸杞中铜的含量显著高于额济纳。诺木洪的黑果枸杞中锌的含量均比其他 2 个产地高，额济纳含量最低。库尔勒的黑果枸杞中铁的含量最高，诺木洪次之，额济纳旗最低。3 个产地中铜的含量最低。综合黑果枸杞中铜、锌、铁的含量，表明诺木洪地区的黑果枸杞微量元素较其他两地高，额济纳地区的最低。

表 3-1　不同产地黑果枸杞微量元素的含量

产地	Cu（μg/g）	Zn（μg/g）	Fe（μg/g）
诺木洪	37.32[Aa]	75.15[Aa]	50.35[Bb]
额济纳	17.26[Bb]	58.28[Bb]	38.47[Cc]
库尔勒	37.23[Aa]	70.21[AaBb]	56.60[Aa]

注：大写字母表示处理间 0.01 水平上差异显著，小写字母表示处理间 0.05 水平上差异显著。

3.2.2　黑果枸杞食用功效

黑果枸杞作为植物果实可以直接食用，直接咀嚼黑果枸杞会有淡淡的香甜感，类似于葡萄干。其中富含大量蛋白质、氨基酸、矿物质等营养物质，能够为身体补充营养。氨基酸包含天冬氨酸（Asp）、苏氨酸（Thr）、丝氨酸（Ser）、谷氨酸（Glu）、甘氨酸（Gly）、丙氨酸（Ala）、缬氨酸（Val）、蛋氨酸（Met）、异亮氨酸（Ile）、亮氨酸（Leu）、酪氨酸（Tyr）、苯丙氨酸（Phe）、赖氨酸（Lys）、组氨酸（His）、精氨酸（Arg）和脯氨酸（Pro），共计 16 种氨基酸，其中 7 种必需氨基酸（Thr、Val、Met、Ile、Leu、Phe、Lys）均在其列，种类较齐全。

经实验分析，黑果枸杞氨基酸评分（AAS）、化学评分（CS）、必需氨基酸指数（EAAI）、生物价（BV）、营养指数（NI）各项指标基本均高于黑桑葚、蔓越莓和黑加仑，与白米较相近，且 AAS、EAAI 和 NI 高于白米，可见其蛋白质营养价值较高，可以达到主粮的水平。

经常食用黑果枸杞能滋补肝肾、益精明目；缓解腰膝酸软、头晕目眩、两眼昏花等症状；还可以降低胆固醇，兴奋大脑神经，增强免疫功能，抗癌，抗衰老。黑果枸杞提取物可促进细胞免疫功能，增强淋巴细胞增殖及肿瘤坏死因子的生成，对白细胞介素-2 有双向调解作用，用于缓解糖尿病患者多饮多食、体重减轻症。

黑果枸杞除直接食用外，煮粥、冲饮皆可。用温水冲泡长期饮用能使皮肤变得红润有光泽。黑果枸杞所含的枸杞多糖、胡萝卜素、原花青素都是强力的抗氧化剂，再加上微量元素硒和维生素 E 的协同作用，组成了强大的抗氧化部队；另外，维生素 A 可维持上皮组织的生长与分化，防止皮肤干燥和毛囊角化，从而起到美容养颜、滋润肌肤的作用。

除上述功效外，长期饮食黑果枸杞还能促进视网膜细胞中视紫红质的再生，预防中度近视及视网膜剥离。同时，提高昏暗灯光下工作人群视力的作用尤为突出，能有效改善夜盲症，对青少年假性近视、中老年眼花、眼底出血、糖尿病视网膜病变、白内障、视疲劳、干眼症都具有良好的保健作用。

3.2.3　黑果枸杞的药用功效

黑果枸杞中主要的化学成分有多糖类化合物，它是发挥黑果枸杞营养功能的主要物质。黄酮类化合物是药理作用的主要成分，主要包括木樨草素、槲皮素、芦丁、飞燕草素和锦葵花素等黄酮类、黄酮醇类、花青素类化合物。目前通过定性和定量分析得出酚酸类化合物，黑果枸杞中有 11 种酚酸类化合物。其他化学成分：含人体必需蛋白质、脂肪酸、维生素 B_1、维生素 B_2 和维生素 C，并含有 16 种氨基酸。

黑果枸杞具有丰富的医用价值，藏医药经典《四部医典》《晶珠本草》等医书均有记载，黑果枸杞可主治心热病、心脏病、月经不调、停经等病症。《维吾尔药志》记载维吾尔族医生常用黑果枸杞果实及根皮治疗尿道结石、癣疥、齿龈出血等病症，在《中华本草》和《神农本草经》中记载枸杞具有滋补安神的效果，还可以用来治疗关节类疾病、眩晕耳鸣等症状；民间多作为滋补强壮及降压药使用。

黑果枸杞除含有 16 种氨基酸外，还含有常量元素、丰富的微量元素，此外还含有一种天然的黑果色素，而且钙和铁的含量要远高于红枸杞。

黑果色素，即天然原花青素（Oligomeric Proanthocyanidins，OPC），OPC 是一种新型高效抗氧化剂，是很强的自由基清除剂，具有非常强的体内活性，其清除自由基的功效是维生素 C 的 20 倍、维生素 E 的 50 倍。黑果枸杞的 OPC 含量超过蓝莓，是截至 2016 年发现的 OPC 含量最高的天然野生植物。OPC 能防止皮肤皱纹的提早生成，更能补充营养及清除体内有害的自由基。OPC 是天然的阳光遮盖物，能够阻止紫外线侵害皮肤，如果用 OPC 加以保护，则大约有 85% 的皮肤细胞可以幸免于难。OPC 能补肾益精、预防癌症。让癌细胞无法顺利扩散，借此保护更多健康的细胞免于被癌细胞侵蚀；像是乳腺癌的致病机制便是如此，因此摄入 OPC 对于乳腺癌的发展会有很好的抑制作用。OPC 还能补血安神、改善睡眠、延缓人体细胞组织衰老。OPC 具有深入细胞，保护细胞膜不被自由基氧化的作用，具有强力抗氧化和抗过敏功能，能穿越血脑屏障，可保护脑神经不被氧化，能稳定脑组织功能，保护大脑不受有害化学物质和毒素的伤害，与枸杞多糖、胡萝卜素、维生素 E、硒以及黄酮类等抗氧化物质一同，对抗机体多余的自由基，延缓人体细胞组织衰老，保持年轻状态，延年益寿。OPC 能改善血液循环，恢复失去的微血管功效，加强脆弱的血管，因而使血管更具弹性，被称为"动脉粥样硬化的解毒药"。对于静脉功能不足者，能有效地减轻疼痛、浮肿、夜间痉挛等症状。

除原花青素 OPC 以外，黑果枸杞中含有丰富的枸杞多糖。枸杞多糖是一种水溶性多糖，由阿拉伯糖、葡萄糖、半乳糖、甘露糖、木糖、鼠李糖这6种单糖成分组成，具有生理活性，能够增强非特异性免疫功能，提高抗病能力。对肝损伤有保护作用，可以降低血清中谷丙转氨酶，促进肝损伤修复，试验表明枸杞能抑制脂肪在肝细胞内沉积，并促进肝细胞新生，所以黑果枸杞具有养肝护肝的功效。枸杞多糖还能显著提高人体中血浆睾酮素含量，达到强身壮阳之功效。对于性功能减退有明显的疗效。

花青素是黄酮类化合物的一类水溶性的天然色素，主要存在于植物的花、叶、种子和果实中，黑果枸杞叶总黄酮具有体外抗氧化活性，且抗氧化活力与其浓度存在量效关系。从黑果枸杞中分离出 46 种黄酮类物质，其中包括 37 种花青素。黑果枸杞叶总黄酮有保护红细胞溶血作用，在清除血清羟自由基和抑制小鼠肝脏丙二醛（MDA）产生方面都具有显著效果。黑果枸杞总黄酮也有降血脂的功效，而且其降脂效果优于辛伐他汀，黑果枸杞花青素中含量最高组分矮牵牛素-3-葡萄糖苷以及花青素提取物都可以有效地减少单氨尿酸盐，对痛风性关节炎有保护作用；调节了与 TOLL 样受体信号通路相关的因子，一定程度上提高了免疫力和抗炎能力，也同时减轻了抑郁症导致的脑损伤。

黑果枸杞还是天然补微量元素的食品。铬、镍是人体所必需的微量元素，但含量较高时会产生中毒现象，铬与人体中糖的代谢、脂质的代谢、蛋白质的合成、核酸代谢等有密切的关系。黑果枸杞中铬的含量比正常牛奶中含量低，含量只有 $5 \sim 15$ μg/mL，不会使人体产生中毒现象。而镍在人体作为生物配体辅因子，促进肠内三价铁离子的吸收，黑果枸杞中镍的含量比谷物腌肉蔬菜中的要高，含量达 $0.1 \sim 0.3$ μg/g，但该浓度范围也不会对人体构成毒害威胁。钴对人体具有低毒和参与维生素 B_{12} 组成和刺激造血的作用，黑果枸杞中钴的含量，远高于绿叶蔬菜的含量 $0.2 \sim 0.6$ mg/kg（干重），但该浓度范围尚不会对人体构成毒害威胁，此外，铅、镉都是环境组织严格控制的重金属污染元素，对人体有害而无益，黑果枸杞中铅、镉含量较一般植物中的含量低得多。因此黑果枸杞具有作为单纯意义的补剂药物的作用。

3.3 黑果枸杞经济价值

栽培黑果枸杞生长速度快，结实早，选育的黑果枸杞优良品种栽植当年即可挂果，并形成产量，定植当年最大单株产量可达 2.774 kg，平均每亩鲜果产量 80 kg 以上，每亩定植 660 株的 2 年生黑果枸杞平均产干果 66 kg，第 3 年进入盛果期平均产干果 150 kg，以黑果枸杞市场关注度最高时的初级产品干果市价 2 000 元/kg 测算，亩收入 6.6 万~15 万元；以黑果枸杞市场关注度较高时的平均售价 1 000 元/kg 测算，亩收入 3.3 万~7.5 万元；回归到正常消费水平，按目前优级枸杞市场价格 200 元/千克测算，黑果枸杞初果期初级产品干果的年收入约 6 600 元，丰产期干果亩收入约 15 000 元。黑果枸杞苗销售，以每株市场售价 2~3 元测算，年销售量 50 万株，收入可达到近 150 万元。

黑果枸杞属于劳动密集型产业，特别是采收，目前仍以人工采摘为主，需要人力资源较多。100 亩种植区，长期用工 10~20 人，采收季节临时用工 100 人，长期用工按月人均工资 3 000 元计算，1 年 30 万~60 万元，临时用工以 100~150 元/d 计算，总用工 5 d 计，5 万~7.5 万元，仅用工为当地老百姓增加劳动收入 0.35 万~0.7 万元/亩，同时解决当地剩余劳动力就业问题。此外，黑果枸杞深加工，增加产品附加值。如生产黑果枸杞酒、固体饮料、软饮料、枸杞油、茶饮料、花青素及衍生产品等，市场前景十分广阔。进一步形成种植、加工、销售、科技研究的系统产业和关联产业（如旅游产品、包装、物流、环保），产值可增加数倍。

4　形态生物学特性

4.1　种子与幼苗

4.1.1　黑果枸杞种子

4.1.1.1　种子特征

目前已知的黑果枸杞主要分布于山西北部、宁夏、内蒙古西北部、甘肃、青海、新疆等省（区）（陈红军等，2002）。不同产地黑果枸杞种子具有不同的特点，对不同产地的黑果枸杞种子特性进行对比分析，找到品质优良、适应性强的种子，是成功进行黑果枸杞有性繁育的基础保障。

（1）种子形态特征

杨荣等（2020）选取内蒙古额济纳、新疆和静、青海诺木洪、甘肃民勤、内蒙古磴口 5 个种源黑果枸杞种子为试材，将采集的黑果枸杞种子经自然干燥、净种之后，再将种子充分混合后随机取样，每个种源随机选取 5 粒种子，用电子游标卡尺准确测量其横纵径，重复 4 次。结果表明，黑果枸杞种子为不规则形状，呈肾形、半圆或卵形，种皮光滑无皱纹，呈土黄色，长 1.5~2.2 mm，宽 1.2~1.6 mm，部分种子因黑果枸杞汁液所染，呈紫色。不同种源黑果枸杞种子形态均不规则，但是形态差异不大。不同种源黑果枸杞种子的大小差异显著，种子的长和宽由大到小依次表现为：青海诺木洪（2.15 mm，1.54 mm）>内蒙古额济纳（2.00 mm，1.52 mm）>新疆和静（1.67 mm，1.39 mm）>甘肃民勤（1.61 mm，1.37 mm）>内蒙古磴口（1.54 mm，1.28 mm），青海诺木洪种源的种子大小外部形态最大，其次是额济纳和新疆和静种源，甘肃民勤和内蒙古磴口种源的相对较小。

（2）果实数量性状和含籽率

不同种源黑果枸杞的果实百粒重、种子百粒重、单果籽数以及含籽率因地理位置、生长立地条件、生长发育水平、各年开花结实条件及采种时期等因子的变化而不同。杨荣等（2020）对不同地区黑果枸杞成熟期的种子百粒重、果实百粒重进行对比，发现差异显著。不同种源黑果枸杞果实百粒重从大到小依次为：青海诺木洪>内蒙古额济纳>甘肃民勤>内蒙古磴口>新疆和静；种子百粒重从大到小依次为：青海诺木洪>内蒙古磴口>内蒙古额济纳>新疆和静>甘肃民勤；单果籽数从大到小依次为：青海诺木洪>甘肃民勤>内蒙古额济纳>新疆和静>内蒙古磴口。就不同种源而言，青海诺木洪种源的种子最为饱满，果实显著大于其他种源，总体形态特征较优于其他种源，但是其含籽率在5种源中是最小的。黑果枸杞为第3类水果中的小型浆果类，种子较小。含籽率较低的青海种源黑果枸杞果实百粒重、种子百粒重、单果籽数却最高，说明其果浆含量较高，种子的储藏物质较高。

（3）种子含水量

唐琼等（2016）对内蒙古额济纳、新疆和静、青海诺木洪和甘肃民勤4个种源黑果枸杞种子进行了种子含水量测定，结果为不同种源黑果枸杞种子的含水量从大到小依次为：青海诺木洪（6.1%）>甘肃民勤（5.3%）>新疆和静（4.8%）>内蒙古额济纳（4.7%），其影响因素可能与种源区的年均温、年降水量等气象因子有关，从而导致了不同种源黑果枸杞种子大小和含水量之间的差异。

4.1.1.2　种子萌发试验

杨荣等（2020）对内蒙古额济纳、新疆和静、青海诺木洪、甘肃民勤、内蒙古磴口5个种源黑果枸杞种子进行了萌发试验。研究表明，不同种源黑果枸杞在25℃培养条件下种子萌发进程整体呈"S"字形趋势，但是各种源种子萌发启动时间不同。青海诺木洪、新疆和静种源供试种子于培养后第4天先开始萌发；其次是甘肃民勤、内蒙古额济纳种源，于培养后第5天开始萌发；内蒙古磴口种源于培养后第6天开始萌发；总体上由快到慢依次为：青海诺木洪＝新疆和静>甘肃民勤＝内蒙古额济纳>内蒙古磴口。所有种源的黑果枸杞供试种子在培养第8天至第15天进入萌发增长期，大部分种子在该时期完成了萌发，从第16天开始，逐渐进入平台期。

不同种源黑果枸杞发芽率和发芽势显著不同，但是不同种源在同样条件下的发芽势和发芽率大小趋势一致，各种源间种子发芽率和发芽势的大小顺序依次为：新疆和静>青海诺木洪>内蒙古磴口>内蒙古额济纳>甘肃民勤。总体而言，青海诺木洪和新疆和静种子萌发的启动时间、发芽率和发芽势优于其他种源。

4.1.2 黑果枸杞幼苗

林治国（2019）采集青海诺木洪、甘肃民勤和新疆和静3个种源的种子进行了播种育苗，对不同种源的苗期进行观测，结果显示：不同种源黑果枸杞幼苗的苗高和地径生长规律基本一致，且均呈"S"字形生长曲线，主要有3个生长阶段，即生长缓慢、生长快速、生长减缓；生长缓慢期为从出苗至7月末，生长快速期为8月，9月下旬后生长速度减缓。3个种源中，甘肃民勤种源1年生幼苗苗高和地径生长量大，而且在整个生长期内生长速率比较快，其次是青海诺木洪种源，而新疆和静种源生长速率最小（彩图4-1至彩图4-4）。

4.2 根与根蘖

4.2.1 根的类型和特点

黑果枸杞根系发达，属于根蘖型，由横卧或匍匐于地下的水平根，一端连接水平根，另一端连接地面植株部分的地下垂直茎以及季节性存在的不定根组成。

水平根为次生侧根，是黑果枸杞根系中功能最多、最重要、最复杂的部分，具有生理整合、吸收和储蓄土壤水分养分、不断分生水平根并且以分蘖的形式进行无性繁殖等功能。水平根在地下的分布深度一般为30~50 cm，有些甚至小于10 cm。水平根不只是黑果枸杞无性繁殖的器官，还是在地下连接着黑果枸杞群落地面株丛。因此，尽管在黑果枸杞的单体群落中，地面上的植株看似是相互独立，实则是一个有机联系的"整体"，并且具有相同的基因。水平根单位面积上的蘖点数代表了其无性繁殖能力，蘖点越多，其无性繁殖能力也越强。

地下垂直茎是根蘖生出的根出条或在地下垂直生长部分，属于茎的根化变态，具有支撑固定地面植株、吸收土壤水分、储存土壤养分等作用。根据黑果枸杞地下垂直茎在地下的特点，可将其分为单生和分生2种形态，单生地下垂直茎是从水平根上的蘖点到地面之间没有出现分生而直接在地上形成单株植株，分生地下垂直茎是从水平根上的蘖点到地面之间出现1~2级分生，以倍增的方式在地上形成多株植株。关于黑果枸杞地下垂直茎分生出现的原因，有可能是由于一些内外部因素使得初生地下垂直茎顶端生长优势暂时停顿或衰弱，或由于水平根其他部位的分蘖受阻而产生的一种分蘖的补偿机制，其具体原因还有待于进一步研究。

不定根属于黑果枸杞根系中比较特殊的一个部分，其仅在特定的条件和特定的时间参与根系的组成，具有吸收和繁殖等功能。黑果枸杞不定根具有介质的特定性，即它只在木质化的水平根以及地下垂直茎上产生，而在肉质或半肉质的水平根和地下垂直茎上很少发生。黑果枸杞的不定根的萌发具有季节性，通常只在7月头茬果后大量萌发，大部分未形成水平根的不定根经过冬季后大多消亡，在第2年7月中旬后又重新萌生。有些不定根可形成水平根并且进行无性萌蘖繁殖，所以不定根也具有繁殖性。

此外，黑果枸杞以种子繁育的植株早期具有主根，但成长中主根大多退化，侧根形成大量水平侧根。黑果枸杞以根蘖形式克隆繁殖的植株没有主根只有水平根（彩图4-5）。

4.2.2 根系分布和环境条件的关系

初期和早期黑果枸杞水平根比较细、肉质色泽乳白鲜嫩、表面光滑、局部稍有扭曲、须根或不定根稀少，吸收和繁殖功能较强。随着生长时间的增加，黑果枸杞水平根慢慢木质化，其特点表现为：根条变粗、表面变得粗糙、局部开裂、色泽则呈浅褐色、可季节性萌生大量不定根。此外，根系自身的吸收和繁殖功能在不断衰退，而水分及营养储存能力却大幅提高，导致其吸收和繁殖功能由原来主要依靠自身转变为主要依靠不定根来完成。

地下垂直茎在不同的生长阶段具有不同的形态变化特点。初期和早期时黑果枸杞地下垂直茎条比较细，肉质色泽乳白鲜嫩、表面光滑；地下垂直茎条直径达到3 mm时，色泽则变为灰褐色，表面粗糙，鳞芽明显，局部呈现弯折或扭曲；随着生长时间的延长，茎条慢慢木质化，其表现出的形态特点为：色泽呈浅褐色、茎条变粗、表面粗糙局部开裂、鳞芽渐不明显。

何文革等（2015）对新疆焉耆盆地黑果枸杞根系组成及分布特征的研究表明，不同的土壤条件下，黑果枸杞水平根的分布深度、相邻蘖点间距、单蘖地下垂直茎最多数量均存在差异，这与土壤条件、水分供给及光照等资源状况以及群落植株的密度有关。水平根上相邻蘖点间距越短，黑果枸杞的分蘖频度越高。由样方的调查情况可知，延向分生水平根相邻蘖点间距较短，而侧向分生水平根相邻蘖点间距较长，表明分蘖能力、分蘖数量不仅受到生境的制约，也与他们之间的共栖竞争等因素有关。

单蘖水平根数量在不同土壤条件下无显著差异，表明水平根的分生具有较高的遗传稳定性。此外，单位面积上的蘖点数量越多，黑果枸杞的无性繁殖能力越强，水平根蘖点数量、单蘖地下垂直茎最少数量在不同土壤条件下存在一定程度的差异，表明这两者虽然具有一定的遗传稳定性，但也受到生境的影响。

4.3　茎叶棘刺

4.3.1　茎的主要特征和生长特性

黑果枸杞的主茎结构由表皮、皮层、维管束、髓组成，呈圆柱形。黑果枸杞1年生茎颜色由青色直至白色为止，不规则纵条纹少量且颜色较浅。黑果枸杞多年生茎的颜色为白色或灰白色，不规则纵条纹较多且颜色较深，节间呈"之"字形曲折。茎的分枝能力强，分枝较多，枝上部分及枝条顶端均有棘刺，长0.2~2 cm（彩图4-6）。

茎的生长特性同样受到周围生境的影响，尤其是土壤环境对黑果枸杞植株茎的形态结构具有显著影响，生长在碱性黏土中的黑果枸杞茎最细，维管束直径最大皮层最不发达；生长在沙壤土中的黑果枸杞茎的皮层最发达；生长在红棕土中的黑果枸杞茎最粗，韧皮部最大，髓最大（毛金枫等，2017）。此外，黑果枸杞在土壤水分充足的条件下不长茎刺，而在土壤水分缺乏的条件下会长有大量茎刺，以便更好地在干旱的环境中生存（张桐欣，2018）（彩图4-7）。

4.3.2 叶的主要特征和生长特性

黑果枸杞叶常于短枝上簇生 2~6 片，叶肉质化，无柄或叶柄极短，形状呈条形、条状披针形或圆柱形，顶端钝圆，稍向下弯曲，叶表面无毛。黑果枸杞叶片主要由表皮、栅栏组织、海绵组织和叶脉组成。黑果枸杞叶片边缘微微上翘，上下表皮外壁均有明显的角质层，上下表皮各由一层细胞组成，细胞大小不等，排列整齐紧密，形状呈矩圆形或近圆形。叶片上下表皮都有发达的栅栏组织，栅栏组织较厚且为 3 层，近长方形，排列紧密，环绕整个细胞，呈现出典型的"环栅"形，与海绵细胞分化明显。叶片上下表皮均有随机分布的气孔，气孔呈椭圆形，由 2 个肾形保卫细胞组成。叶肉细胞可见叶绿体和草酸钙晶沙。黑果枸杞具有较厚的角质层，外层表皮细胞壁厚，叶肉细胞内有发达的栅栏组织和贮水组织，海绵组织相对退化，主脉直径较大且含有晶细胞，叶脉数稠密，是典型的干旱和盐生植物（马彦军等，2018）。

黑果枸杞叶片具有明显"异形叶"特征，表现出对外界环境变化极强的响应能力。不同土壤条件下黑果枸杞叶的形态存在差异，黑果枸杞生长在碱性黏土和沙壤土中，其叶片较薄，呈长披针形；黑果枸杞生长在红棕土中，其叶片较厚，呈近椭圆形（毛金枫等，2017）。不同盐浓度环境中的黑果枸杞叶具有显著的性状差异，当黑果枸杞生长在盐浓度较高的环境中时，其叶片呈倒卵形或线形，高度肉质化，叶表面无毛，颜色为绿色、红色或浅红色，叶横切面为椭圆形或圆形。叶肉分化成栅栏组织和贮水组织，贮水组织位于叶片的中央，体积为叶肉体积的 2/3 以上，由较大的薄壁细胞构成，叶绿体含量较少或没有，叶脉维管束不发达，叶内无多糖和蛋白质积累。当黑果枸杞生长在盐浓度较低的环境中时，其叶片呈线形，无柄，肉质化，叶表面无毛，叶横切面为椭圆形。叶肉同样分化为栅栏组织和贮水组织两部分，区别在于栅栏组织细胞内含有丰富的叶绿体，并在叶缘处较发达。贮水组织的细胞壁不同程度地向内折叠，晶细胞常存在于贮水组织和叶肉组织中，叶脉维管束极不发达，叶内也无多糖和蛋白质积累。此外，风沙流吹袭也是黑果枸杞生长发育的环境胁迫因子之一，净风和风沙流处理均对黑果枸杞叶片造成一定程度的伤害，净风胁迫下，叶片主要通过提高脯氨酸含量来增强渗透调节作用；风沙流胁迫下，叶片主要通过提高脯氨酸和可溶性糖含量来增强渗透调节作用。

4.3.3 棘刺的主要特征和生长特性

黑果枸杞枝上的棘刺属于茎刺，是茎的一种变态，棘刺起源于叶腋处的腋生分生组织，具有质地坚硬、木质化程度高、不易脱落和不易折断等特点。随着黑果枸杞茎刺的不断发育，茎刺由小变大，颜色由青色逐渐变为白色，硬度由柔软变为坚硬，分布更密集。黑果枸杞的茎刺结构与主茎结构相似，但在皮层层数和厚度、韧皮部纤维数量、木质部中导管数目和口径大小、髓所占比例等方面有显著差异。未长刺黑果枸杞茎结构的维管组织只存在于茎中央，长刺黑果枸杞在叶腋处存在皮层维管组织。黑果枸杞茎刺在发育的过程中，在皮层位置上只有几束微弱的环纹导管痕迹发展成分化程度较高的网纹导管，导管朝两个方向不断伸长，连接主茎维管束并且发育成自身茎刺结构。茎刺产生之后也有潜藏腋芽存在。

4.4 开花结实

4.4.1 花的主要特征

黑果枸杞花一般 2~4 朵同叶簇生，花两性，颜色呈堇色，花梗细瘦；花萼呈狭钟状，萼片上部开裂或呈不规则边缘，边缘有稀疏缘毛；合瓣花冠呈漏斗状，颜色为紫色或粉紫色，花脉清晰可见，花瓣基部白色与紫色相间分布，中部呈微黄色并沿花脉向花冠延伸，平均单花直径为 10.09 mm，筒部向檐部稍扩大，5 片浅裂，偶有 4 片浅裂，裂片矩圆状卵形，平均萼筒长为 8.05 mm，无缘毛，耳片不明显，早落冠。雄蕊不等长，稍伸出花冠，平均花丝长为 4.62 mm，平均花药长为 2.02 mm，花丝着生于花冠筒中部，花丝离基部稍上和花冠内壁等高处均有稀疏绒毛，花药着生方式为丁字着药或背着药。柱头中部单侧向下凹陷，平均花柱长为 4.58 mm，花柱与雄蕊多数情况下长度相近，但外界环境变化可改变黑果枸杞花柱长短，明显形成长、中、短花柱。雌蕊呈乳白色，子房基部呈浅紫色。黑果枸杞雄蕊花药多为 5

枚，花药为4室。开放时雄蕊高度与柱头等高或略高一些，开花后约1 h花药开始散粉，雨天花药外壁收缩，颜色由乳白色变为褐色，推迟散粉或不散粉（吴佳豫，2018）（彩图4-8）。

4.4.2　花期

黑果枸杞每年开1次花，群体花期约70 d，群体盛花期约40 d；个体单株花期约60 d；自然野生状态下，单花花期一般为2~3 d。遇到阴天和雨天花期会延长1~2 d。白天和夜间都有花朵绽放，其中凌晨与上午花朵绽放次数最多、午后至傍晚次之、其他时刻相对较少。上午开花持续时间较短，傍晚开花持续时间较长。

根据黑果枸杞花蕾的外部形态特征，可将黑果枸杞花期分为现蕾期、幼蕾期、露冠期、开花期、凋谢期5个时期。现蕾期：叶腋长出绿色小花蕾，1枚或多枚同叶簇生。幼蕾期：花萼的基部和顶部分别呈绿色和黄绿色，雌蕊和花药则呈淡绿色。露冠期：花萼开裂，雌蕊呈乳白色，花药呈淡绿色，后续花冠松散开裂，持续时间3~5 d；开花期；花冠从开始松动到花瓣完全展开，过程持续约3 h，花冠完全展开时其直径为8~12 mm，花瓣5裂花药颜色变为乳白色。凋谢期：黑果枸杞花瓣颜色逐渐变淡，花药壁颜色由乳白色逐渐变为褐色并逐渐收缩，柱头逐渐失去光泽，花冠开始萎蔫，然后逐渐变干直到脱落，整个过程持续约2 d。黑果枸杞的开花期受气候条件的影响较大，刘娜等分析了黑果枸杞开花物候对增温和补灌的响应，发现气候暖湿化条件下黑果枸杞会通过提前始花期，缩短开花持续时间来增加开花数量、改变开花模式及缩短花色转变时间，提高对传粉者的访花吸引力和访花频率，以此提高生殖成功率和适合度。

4.4.3　花粉特征及授粉

黑果枸杞花粉形态的一般特征表现为花粉粒形状为长球形，极面观三裂，萌发沟三裂，花粉外壁雕纹呈网状长条形纹饰。不同花期花粉的外部形态存在差异，其中开花期花粉最大，露冠期次之，幼蕾期花粉最小。黑果枸杞属异花授粉植物，需要传粉者，但仍保留一定自交亲和性。黑果枸杞可通过风媒和虫媒进行传粉,其中虫媒是黑果枸杞主要的传粉方式。在自然授粉条件下,黑果枸杞的柱头可授性与花粉活力持续的时间较短。戴国礼等以宁夏、青海野生分布的黑果枸杞硬枝扦插苗为试验材料,观察其开花动态与花部形态特征,发现黑果枸杞在花药开裂时花粉活力最高,达到93.02%,15 d后花粉活力为2.97%;开花当日黑果枸杞柱头都有可授性,散粉后0~36 h内是传粉受精的最佳时间。花药散粉与柱头可授时间存在时间间隔,黑果枸杞的雄蕊在开花前会紧靠柱头,花药在散粉时1~2花丝先伸长并首先散出花粉;其余3个雄蕊开裂散粉时间滞后1~2 h,这样可延长花药散粉的时间,提高花柱授粉的概率(彩图4-9、彩图4-10)。

4.5　生长周期

4.5.1　黑果枸杞生育期

黑果枸杞的生育时期包括萌芽期、展叶期、开花期、果实发育期、果实成熟期、落叶期。不同地区的黑果枸杞的生长发育阶段也不同,以青海柴达木盆地为例,每年4月下旬至5月上旬发芽并展叶,5月底至8月中旬陆续开花结果;8月下旬至9月中旬果熟;9月下旬至10月上旬叶片干枯凋落,进入落叶期。从发芽到果熟约经140 d;生长期约150 d。

4.5.2　黑果枸杞的生命周期

黑果枸杞在整个生命周期过程中,始终存在着营养生长和生殖生长的矛盾,主要表现为生长与结果、衰老与更新、地上部与地下部等矛盾。根据其生长结果的特点,其生命周期可分为5个阶段。

第一阶段为苗期,主要从种子萌发开始到第一次开花结果为止,该阶段植株比较幼小,根系的长势较强,分支少,苗期一般可持续1~2年。

第二阶段为幼树期,主要从第一次开花结果到大量结果前为止,该阶段树冠和根系生长都比较好,骨干枝逐渐形成,产量变大,实生苗的幼树期一般从第2年开始到第4年或第5年为止。

第三阶段为盛果期,该阶段结果和产量均达到最大,但是由于开花结果消耗的树体养分较多，树体生长量逐渐减小，导致后期树冠下部大主枝开始出现衰老或死亡，盛果期一般为栽后 5~6 年起，至 20~25 年止。

　　第四阶段为盛果后期，该阶段结果能力开始下降，果实变小且生长量小，盛果后期一般为栽后 20~25 年起，至 35 年止。

　　第五阶段为衰老期，一般为 35 年左右开始，该阶段树冠残缺不全，冠幅大幅减少，根系腐烂严重，产量锐减（彩图 4-11、彩图 4-12）。

5 生理生态特性

5.1 黑果枸杞水分生理特征

黑果枸杞茎流速日变化呈不规则曲线，但仍是在白天茎液流速波动明显，夜间茎流较稳定。午间时候，黑果枸杞有明显的"茎流午休"现象，夜间通过根压的作用，从土壤中主动吸收水分来补充组织中的缺水，恢复体内的水分平衡。黑果枸杞茎液流速主要受饱和水汽压差、风速和太阳总辐射等环境因子的影响。

黑果枸杞的茎直径日变化呈现昼夜变化规律，即白天收缩，傍晚、夜间膨胀。在凌晨 3：00 时茎直径值最大，随着气温升高，蒸腾速率逐渐增加，黑果枸杞茎秆迅速收缩，下午 16：00 时茎直径值达到最小。之后，随着气温下降，蒸腾速率逐渐减小，茎直径又开始迅速恢复或膨胀，翌日凌晨茎直径又恢复到最大。但是如果黑果枸杞长期处于水分胁迫条件下，其茎直径在翌日凌晨很难恢复到最大甚至会小于前一天的最大值。

路兴慧（2009）以塔里木河下游黑果枸杞、花花柴、大叶白麻、疏叶骆驼刺、河西苣 5 种典型荒漠植物为研究对象，运用逐步回归分析、偏相关分析、方差分析、多重比较等数理统计方法，分析测试认为影响黑果枸杞叶水势变化的环境因子是空气温度和 1.8 m 处的土壤水势。黑果枸杞的叶水势在凌晨 3：00 时值最高，说明黑果枸杞得到良好的水分供应；随着气温升高、蒸腾速率的增加，植物体内水分出现亏缺，叶水势迅速降低，在白天保持较低值，这样有利于黑果枸杞从土壤中吸水的能力，减少向大气中散失水分；下午 16：00 时，黑果枸杞的叶水势值达到最低；下午 16：00 以后随着气温的降低，植物体内水分亏缺得到补偿，叶水势才会有所回升，直到凌晨再达最高值。黑果枸杞叶水势变化主要受空气温度和 1.8 m 处的土壤水势的影响。

黑果枸杞根系发达，其植株矮小、叶体积小，叶片栅栏组织较为发达，各个细胞之间的缝隙较小，显示了黑果枸杞耐旱能力很强，在生长发育过程中消耗水会较少。土壤水合补偿点可反映苗木的耐旱性能，水合补偿点值越小，表明植物在干旱条件下忍耐干旱的能力也越强，果枸杞土壤水合补偿点为 3.81%，说明黑果枸杞具有较强的耐旱性。土壤含水量控制在 17%~19% 时，黑果枸杞生长最佳。黑果枸杞抗涝能力差，在积水处几乎不能生长存活。黑果枸杞结果期则需要保证较为充足的水分，但大量的积水可导致黑果枸杞根系受损，发育期滞后，影响开花结果，造成减收，甚至还会导致死亡。

5.2 黑果枸杞光合作用

黑果枸杞是典型的阳性植物，全光照的条件下，植物苗木生长健壮，结实多，果实大且饱满；在庇荫条件，植物苗木生长低矮，枝条细弱且寿命短，花果极少，果实个头小。黑果枸杞还是长日照植物，对日照的要求比较高，全年光照应保持在 2 600~3 500 h。

马彦军（2018）对不同种源黑果枸杞光合响应曲线进行了测定，结果显示不同种源黑果枸杞光饱和点为 678.96~382.84 $\mu mol/（m^2 \cdot s）$，表明黑果枸杞对强光环境的适应能力较强，不易发生光抑制。不同种源黑果枸杞光补偿点都较高，在 53.68~290.37 $\mu mol/（m^2 \cdot s）$，说明对弱光适应能力较差，耐阴性弱，在低光照强度下生长不良。因此，黑果枸杞适宜在光照充足的地方栽培。

黑果枸杞在自然条件下，叶片日平均光合速为 10.27 $\mu mol/（m^2 \cdot s）$，其净光合速率的日变化在夏季呈双峰曲线型，在中午 12：00 左右出现低谷，有光合"午休"现象。

黑果枸杞叶片气孔导度的日变化和黑果枸杞叶片净光合速率日变化规律一样，因此，温度和光照强度相对较低的时候，环境因子是影响黑果枸杞叶片光合速率的主要因素；温度和光照强度比较高的时候，气孔导度是影响黑果枸杞叶片光合速率的主要因素。因此，黑果枸杞叶片净光和速率的影响因素既有气孔因素，也有非气孔因素，二者共同影响着黑果枸杞叶片在夏季的光合作用。

黑果枸杞的叶片蒸腾速率日变化呈单峰曲线，在 13：00—15：00 时（大气温度和光照强度的高峰期）蒸腾速率较高，而在早晨和傍晚时蒸腾速率较低。叶片蒸腾速率达到最大时，大气温度和叶室温度并没有达到最大值，而此时气孔导度达到最大值，因此气孔导度是影响黑果枸杞日变化率的主要因素。

植物进行光合作用的场所是叶绿体，氮素是叶绿体的主要成分，施氮能促进植物叶片叶绿体中叶绿素的合成，对黑果枸杞施适量的氮后黑果枸杞叶片中叶绿素含量随施氮量的增加而增加，对净光合速率、气孔导度、蒸腾速率和水分利用率都有一定的促进作用，但超过最佳施氮量后会对其指标产生抑制作用。胞间 CO_2 浓度随施氮量的增加一直呈下降趋势，施氮对黑果枸杞叶片光补偿点、光饱和点和暗呼吸速率产生的效应不明显。

5.3　黑果枸杞逆境条件下生理生化特性

5.3.1　黑果枸杞对盐胁迫的响应

高浓度的 Na^+、Cl^- 能够打破植物体内的离子和水势平衡，导致植物生长停止。黑果枸杞具有较强的抗盐性，通过调节体内的渗透物质以及抗氧化物质的含量，保证其正常的生长发育。

盐胁迫可抑制黑果枸杞种子萌发，王恩军等利用中性盐和碱性盐处理黑果枸杞种子后发现，种子萌发对 NaCl 浓度耐受的临界值是 50 mM，极限值是 300 mM。对 Na_2CO_3 浓度的临界值是 2.5 mM，极限值是 100 mM。此外，不同种类盐溶液对黑果枸杞种子吸胀、萌发和幼苗生长的影响也不完全相同。多项研究显示，黑果枸杞种子萌发率在 NaCl、$MgSO_4$ 和盐渍土壤溶液均受到不同程度的抑制；但不同盐溶液对种子萌发抑制效果也并不完全相同，其中，NaCl 的影响最强烈，$MgSO_4$ 次之，盐渍土壤溶液对种苗的损伤最小。王桔红研究认为，黑果枸杞种子萌发和幼苗生长对 NaCl 胁迫耐受的临界阈值为 6 g/L；当 NaCl 浓度大于 9 g/L 时，黑果枸杞种子不萌发；而 18 g/L 土壤溶液中黑果枸杞种子萌发率达到 59%。刘克彪等也得到了类似的研究结果，在浓度相同的情况下，不同种类钠盐对种子萌发率的影响为：$NaHCO_3$>NaCl>复合盐>Na_2SO_4。

盐胁迫下植物器官渗透调节能力存在一定差异，研究表明，盐胁迫下，与根、茎相比，黑果枸杞叶片具有较强的渗透调节能力，从而保护叶片免受渗透伤害。黑果枸杞叶片中的超氧化物歧化酶、过氧化氢酶、可溶性糖、可溶性蛋白含量随盐胁迫程度呈先增大后减小的变化趋势；过氧化物酶、丙二醛和叶绿素的含量在盐胁迫下呈减少趋势；脯氨酸含量和相对电导率则在盐胁迫下呈增大的趋势。盐胁迫下，黑果枸杞叶中 Na^+ 和 K^+ 含量大于茎的含量，而根中含量最小，其中叶和茎的 Na^+ 含量在盐胁迫下呈上升趋势，K^+ 含量则呈下降的趋势，但根的 Na^+ 和 K^+ 含量变化呈无规律状。姜霞等（2011）研究发现在盐胁迫下黑果枸杞幼苗叶片和茎部均具有较强的耐盐性，而根部的耐盐性相对较弱；黑果枸杞幼苗的根在 NaCl 浓度为 400 mM 时明显不再分化和增长，质膜结构被破坏，盐胁迫抑制了幼苗的生长。

NaCl 胁迫下，黑果枸杞愈伤组织中超氧化物歧化酶、抗坏血酸过氧化物酶和谷胱甘肽还原酶等抗氧化酶活性上升，这些酶协同可缓解盐胁迫下活性氧自由基氧化伤害；愈伤组织中渗透调节物质（脯氨酸和可溶性糖）的大量积累都有助于抵御盐胁迫所导致的渗透胁迫。作为植物体内最为重要的渗透调节物质之一，脯氨酸积累在高等植物抵御生物和非生物胁迫过程中的重要作用已为人们所熟知。通常情况下，与甜土植物相比，盐生植物的脯氨酸积累水平更高，对盐碱胁迫的抗性也更强。因而，部分报道认为脯氨酸的累积与植物的抗性，特别是抗盐性或抗旱性之间有较强的相关性。阿拉善盟林木种苗站于 2018 年比较了不同浓度（0 mmol/L、50 mmol/L、100 mmol/L、200 mmol/L、300 mmol/L）NaCl、KCl、Na_2CO_3 和 $NaHCO_3$ 胁迫下，黑果枸杞幼苗中脯氨酸的积累水平，发现观测期内，随着胁迫时间的延长，不同类型的盐碱胁迫均显著促进了脯氨酸在幼苗中的积累。不同类型的盐碱胁迫促进脯氨酸积累的能力存在差异，NaCl 胁迫促进脯氨酸累积的能力大于 KCl，而 Na_2CO_3 胁迫促进脯氨酸累积的能力大于 $NaHCO_3$。

适量的盐分能够提高叶绿素酶活性，从而促进叶绿素的合成。过量的盐分会造成叶绿体的损伤，最终引起叶绿素成分损失。龚佳在研究 NaCl 胁迫对宁夏 4 种灌木生长及光合特性的影响中发现，高盐浓度时，黑果枸杞中叶绿素 a、叶绿素 b、类胡萝卜素均显著降低；低盐浓度时，叶绿素 a、叶绿素 b 和类胡萝卜素的含量则明显升高。沈慧等研究表明黑果枸杞幼苗在未加硅的盐胁迫下，叶绿素总量增加、叶绿素 a 与叶绿素 b 比值下降、质膜透性增加、脯氨酸、丙二醛和可溶性糖含量增加；而通过外源硅处理之后叶绿素含量及叶绿素 a 与叶绿素 b 比值显著增加，质膜透性降低，脯氨酸、丙二醛、可溶性糖的含量减少，说明硅可缓解盐胁迫对黑果枸杞幼苗的伤害。韩多红用外源钙进行盐胁迫，结果表明，黑果枸杞通过外源钙处理之后缓解盐胁迫对种子萌发抑制作用；施加外源钙可有效地将叶绿体含量和过氧化物酶活性下降幅度变小，有效地缓解盐胁迫对黑果枸杞幼苗造成的伤害。王尚军研究表明用外源水杨酸和烯效唑进行盐胁迫下，能够适当改变黑果枸杞愈伤组织细胞膜的透性，渗透调节物质，促进相关酶活性的积累来适应盐胁迫环境。

5.3.2　黑果枸杞对干旱胁迫的响应

黑果枸杞根系发达，其植株矮小、叶体积小，叶片栅栏组织较为发达，各个细胞之间的缝隙较小，显示了黑果枸杞耐旱能力很强，在生长发育过程中消耗水会较少。土壤水合补偿点可反应苗木的耐旱性能，水合补偿点值越小，表明植物在干旱条件下忍耐干旱的能力也越强，黑果枸杞土壤水合补偿点为 3.81%，说明黑果枸杞具有较强的耐旱性。土壤含水量控制在 17%～19%时，黑果枸杞生长最佳。黑果枸杞抗涝能力差，在积水处几乎不能生长存活。黑果枸杞结果期则需要保证较为充足的水分，但大量的积水可导致黑果枸杞根系受损，发育期滞后，影响开花结果，造成减收，甚至还会导致死亡。

胡静等利用山梨醇模拟干旱胁迫，对黑果枸杞进行不同程度的渗透处理，探讨了干旱胁迫下黑果枸杞抗旱生理策略。在对黑果枸杞进行长达 60 d 的干旱处理后，研究者发现，黑果枸杞株高随着干旱胁迫的增加呈现出下降趋势，表明干旱抑制了植株的生长。黑果枸杞可能通过长出大量的茎刺消减干旱胁迫对生长的伤害。李得禄等研究表明，在田间持水 100% 和 80% 时，黑果枸杞有茎刺植株比率、有茎刺分枝比率均为 0%；而在 60% 和 40% 的情况下，黑果枸杞的有茎刺植株比率为 100%，有茎刺分枝比率分别为 56% 和 70%。张桐欣以黑果枸杞组培苗为试验对象，进行了土壤水分不同梯度试验，发现随着干旱胁迫程度的增加，黑果枸杞茎刺的硬度由柔软逐渐变为坚硬，同时确定了在人工栽培过程中减少或消除黑果枸杞茎刺发生的土壤水分条件，即田间持水量为 100%、80%下，黑果枸杞未长茎刺，而田间持水量为 60%、40%下，黑果枸杞有大量茎刺发生，这是因为土壤含水量较低时可以诱导黑果枸杞长出茎刺，这是植物在遭受干旱胁迫时用于消减伤害的一种防御机制，而土壤含水量较高时会抑制黑果枸杞茎刺的发生。李得禄等通过比较不同条件下黑果枸杞叶片长度、宽度、厚度，发现黑果枸杞叶片因干旱条件而表现出显著的差异性，土壤含水率越小，黑果枸杞叶片越小。耿生莲研究发现，土壤含水量小于 5%时，黑果枸杞叶片正常生理平衡遭受干旱胁迫；土壤含水量在 17.2%时，黑果枸杞光合作用最强，土壤含水量在 18.0%时，黑果枸杞蒸腾作用最强；土壤含水量为 17.6%时，黑果枸杞叶片处于正常生理状态。张金菊等（2022）设置 5 个胁迫梯度探究黑果枸杞根系在逆境中的适应性，发现轻度干旱胁迫有利于黑果枸杞幼苗根系的生长发育，当极重度胁迫时，根系生长发育受到抑制。这些研究均表明，干旱胁迫下，黑果枸杞幼苗不同器官的生长量和生物量分配发生变化，其株高生长量下降、基茎生长缓慢、根系物质增加，黑果枸杞能通过调整生长和生物量的变化来降低水分消耗和增加水分吸收，以此来适应逆境。这和前人的研究一致，在干旱条件下，叶片的形态和生理响应是减少植物体内水分损失、提高土壤水分利用效率的重要因素。干旱的植物叶片一般小而厚，同时叶片表面具有更多的毛状体。

干旱程度的提高同时会导致黑果枸杞叶片光合速率的下降。而气孔导度下降是干旱引起黑果枸杞光合速率降低重要原因。郭有燕（2018）研究发现，黑果枸杞叶片的气孔导度在 100%和 80%田间持水量条件下没有明显差异，但在田间持水量为 60%和 40%时，黑果枸杞叶片的气孔导度呈现出下降趋势。

渗透调控是植物抗干旱的又一个重要手段，它可以在一定程度上增加细胞内的渗透调控因子（如脯氨酸、非结构性碳水化合物）。干旱胁迫对黑果枸杞抗氧化防御系统及渗透调节能力也产生很大影响。植物往往会提高超氧化物歧化酶（Superoxide dismutase，SOD）、过氧化氢酶（Catalase，CAT）、过氧化物酶（Peroxisome，POD）等的酶活性来降低 ROS 对细胞的损害。韩多红等研究表明，干旱胁迫下，黑果枸杞幼苗叶片抗氧化酶活性受 0.3%稀土微肥的影响，通过增加渗透调节物质积累等可缓解干旱胁迫带来的损害。

盐旱逆境下，适宜浓度水杨酸可提高黑果枸杞叶内渗透调节物质含量及抗氧化酶活性，不同氮磷比施肥量能显著提高黑果枸杞叶片非结构性碳总含量（马永慧等，2020；朱亚男等，2020）。马兴东等（2022）研究证明干旱胁迫下适量施氮有利于增强黑果枸杞的抗旱性。可静指出，在中度干旱胁迫前期黑果枸杞植株体内脯氨酸含量显著升高。随着干旱胁迫时间延长，细胞内功能紊乱影响脯氨酸的合成与累积，黑果枸杞的脯氨酸含量下降。

5.3.3 黑果枸杞对风沙流胁迫的响应

杨永义（2020）通过风速及风速吹袭时间2个方向对黑果枸杞1年生实生苗进行净风和风沙流胁迫研究，结果表明超氧化物歧化酶活性对净风和风沙流胁迫比较敏感，过氧化物酶活性和过氧化氢酶活性对胁迫却比较迟钝，且短时间胁迫酶活性较高，保护作用较强。黑果枸杞叶片中可溶性糖含量在净风胁迫下呈下降趋势，起到渗透调节作用较小；可溶性糖含量在风沙流胁迫下却呈先上升后下降趋势，12 m/s胁迫20 min时含量最高，渗透调节作用最大。

党绪（2022）研究表明，净风和风沙流胁迫下，黑果枸杞叶片膜透性呈持续增大趋势，细胞膜完整性受到破坏；叶片氧化氢酶、超氧化物歧化酶、过氧化物酶活性升高，酶活性的增强能够清除活性氧和自由基，以此来保护细胞；渗透调节物质脯氨酸持续增加，以减轻其所受伤害，渗透调节作用最大；叶片可溶性蛋白含量未有显著性增加，未能起到渗透调节作用。

侍新萍（2021）通过对黑果枸杞两年生实生苗进行风沙流胁迫研究发现，黑果枸杞叶片自由水含量总体都呈下降趋势，束缚水含量及束缚水含量与自由水含量的比值总体都呈上升趋势；相对含水量值小于未受胁迫值，水分饱和亏缺却显著高于未受胁迫。

5.4 黑果枸杞对温度的适应特性

野生黑果枸杞的生长适应性很强，比较耐高温，同时也比较耐寒，喜凉爽气候，可以在33.9~42.9℃的环境下生长，而且也可以在-41.5~25.5℃的低温环境中生存，最适宜生长的温度在25℃左右。

黑果枸杞幼苗期时可短时间抵抗-3.0~-2.0℃的低温。黑果枸杞根系在气温为8.0~14.0℃时生长比较快。春季日平均气温达10℃左右，黑果枸杞开始发育；黑果枸杞开花期最适宜的温度是16.0~23.0℃；黑果枸杞结果期最适宜的温度是20.0~25.0℃，温度低于10.0℃时，黑果枸杞果实生长发育过程时间增加。

郑燕采集了甘肃、内蒙古、青海、新疆4个省（区）黑果枸杞枝条进行了抗寒性试验，结果显示在低温胁迫下，各省（区）黑果枸杞枝条的抗寒性所呈现的变化趋势在各抗寒指标间表现不相一致，出现峰值的温度也有差异，但同一种源呈现出的变化趋势基本相同，说明原产地对植物的抗寒性有很大影响。根据耐寒性综合评价及聚类结果评定，抗寒能力整体较强的为青海黑果枸杞的枝条，而来源甘肃的枝条抗寒能力整体较弱。

刘秋辰对新疆6个类型的黑果枸杞枝条抗寒性进行了评价，结果显示低温胁迫下6个类型黑果枸杞枝条超氧化物歧化酶活性先下降后上升，-35℃处理时到达峰值，-40℃处理时降低；丙二醛含量呈现"升—降—升"的变化趋势；武威优系的过氧化物酶活性总体呈现"升—降—升"的变化趋势，其他类型总体为"降—升—降—升"的变化趋势。武威优系的CAT活性在-25~-30℃时下降，其他类型在-35℃之前均升高，-35℃时，除库尔勒优系外，其他类型均达到峰值；武威优系、武威野生的可溶性糖含量呈现"降—升—降—升"的变化趋势，其他4个类型呈现"降—升—降"的变化趋势。丙二醛含量、超氧化物歧化酶、过氧化氢酶活性、可溶性糖含量可作为判断黑果枸杞枝条抗寒性的关键性指标。

低温环境下，植物还可以通过渗透调节物质的积累，来增强自身的渗透调节作用和细胞的保水能力，维持细胞结构，调节渗透压防止细胞脱水结冰死亡。齐延巧等研究了黑果枸杞和宁夏枸杞枝条的抗寒性，结果显示枝条的可溶性糖、脯氨酸含量呈上升趋势，黑果枸杞整体含量高于红果枸杞，两品种枸杞枝条的半致死温度在-26~-35℃，均达到显著水平。

5.5 黑果枸杞对土壤适应特性

土壤是生态系统中众多生态过程的载体和植物生长发育的基础，土壤质

量的高低直接影响黑果枸杞群落的稳定性和生长状况。从不同立地类型的黑
果枸杞群落组成中看，黑果枸杞在覆沙地和固定或半固定沙丘地中为群落的
优势种，在砾石地中为亚优势种，在盐碱地中为主要伴生种。马俊梅
（2022）在对甘肃民勤黑果枸杞形态学特征与土壤因子的关系的研究中发
现，黑果枸杞的生长状况受到土壤水分、养分等土壤因子的影响和制约。在
0~10 cm 土层中，黑果枸杞冠幅只与土壤全钾含量有显著的正相关；在10~
20 cm、20~40 cm 土层中，黑果枸杞株高与多种土壤因子相关；>20 cm 土
层以后，黑果枸杞冠幅与土壤因子无显著相关；>40 cm 土层后，黑果枸杞
株高与土壤因子无显著相关关系。马俊梅认为，黑果枸杞主要依靠其水平根
不断从土壤中吸收水分和养分，并促使其不断增长；何文革等针对黑果枸杞
根系组成及分布的研究指出，干旱半干旱地区沙地、砾石地和沙丘地中，黑
果枸杞水平根分布深度在0~30 cm，有些甚至不足10 cm。黑果枸杞根系主
要以吸收和利用20 cm 以内土层土壤养分促进其生长发育，故保持浅层土壤
中水分和养分，是保证黑果枸杞健康生长的前提。

黑果枸杞耐盐碱能力极强，能吸收根系周边盐分。对土壤无特殊要求，
喜生于盐碱荒地、盐化沙地、盐湖岸边、渠路两旁、河滩等各种盐渍化生境
土壤中，此外在高山荒漠、盐化戈壁、河湖周边、干枯河床、路旁、田边、
盐碱干旱地和荒地等处也较常见。黑果枸杞对土壤要求不严格，其根际土
0~10 cm 土层土壤含盐量可达8.9%，10~30 cm 土壤含盐量可达5.1%，根
际土壤含盐量达2.5%，可见其有较强的吸盐能力。黑果枸杞的耐盐能力很
强，在土壤60 cm 土层全盐含量小于6%的条件下生长良好，但达到16%时
生长不良。黑果枸杞最适宜栽植于具有良好的排水性，土质较为松散，含盐
量小于2.0%的土壤，尤其是灌淤土，可以实现高产。

黑果枸杞作为传统珍贵民族药材，其果实品质和土壤理化性质、微生物
含量、盐渍化程度等密切相关。土壤作为植物养分和矿质元素的提供者，既
可通过大量元素影响药材品质，又可通过微量元素影响药材的道地性。黑果
枸杞的生物学特性决定了原生地为盐碱土荒地、盐化沙地、河湖沿岸及干河
床等环境极为恶劣的劣质土壤。位于青海省西北部的柴达木盆地是黑果枸杞
的原生地之一，格尔木、都兰、德令哈等地是其较为集中的分布区域。产自
柴达木地区的黑果枸杞次生代谢物质花青素、总黄酮等活性物质含量显著高

于新疆等地，花青素种类多，抗疲劳活性多糖类物质含量高，多酚类物质丰富，Fe、Ca、Mg、Zn、Cu 含量高于宁夏枸杞。钱滢宇从甘肃民勤地区引入天津不同土壤条件的 2 年生黑果枸杞苗为试验材料，对其生长、产量、成分差异进行研究表明，黏壤土条件下的黑果枸杞产量为 0.34 kg/m^2，高于甘肃民勤地区的最高产量；而沙土条件下的产量则为 0.05 kg/m^2，低于甘肃民勤地区的最低产量。黏壤土与沙土条件下黑果枸杞的花青素含量分别为 14.43 mg/g 和 13.67 mg/g，均显著高于甘肃民勤黑果枸杞的花青素含量。生长在黏壤土的果实中的甜菜碱含量为 2.36%，显著高于生长在沙土和市售甘肃民勤的黑果枸杞果实。冯雷对不同盐渍化土壤栽培的黑果枸杞品质进行了灰色多维综合隶属度评估法及冗余分析认为，不同盐渍化土壤的栽培型黑果枸杞的微量元素 Zn、Mn 含量均显著高于野生型，Fe 显著低于野生型，16 种氨基酸的含量显著高于野生型，中度盐渍化条件（HCO_3^- 2.21 g/kg、Fe 27.9 mg/kg、CO_3^{2-} 0.01 g/kg、有机质 8.98 g/kg、Cl^- 2.45 g/kg、pH = 8.91、总盐 0.94%）栽培型黑果枸杞营养成分得分最高。因此，适度盐渍化土壤栽培黑果枸杞的品质更优，野生型黑果枸杞果实与栽培型的营养成分含量存在差异。

5.6　黑果枸杞群落生态特征

　　黑果枸杞常作为建群种以单优群落形式存在，伴生种主要有芦苇（*Phragmites australis*）、盐爪爪（*Kalidium foliatum*）、柽柳（*Tamarix chinensis* Lour.）等，群落总盖度一般为 20%~40%，是我国荒漠地区重要植被之一。

　　郝媛媛（2016）对疏勒河流域（不包括北部的马鬃山地区）黑果枸杞群落调查发现，疏勒河流域的黑果枸杞在荒漠草原地区常呈单优群落，伴生种主要有芦苇（*Phragmites australis*）、骆驼刺（*Alhagi camelorum*）、柽柳（*Tamarix chinensis*）、甘草（*Glycyrrhiza uralensis*）、大叶白麻（*Poacynum hendersonii*）、盐爪爪（*Kalidium foliatum*）、苦豆子（*Sophora alopecuroides*）、花花柴（*Karelinia caspia*）等，群落总盖度一般为 5%~20%；在土壤湿度较大、盐碱化程度较高的盐碱土地区，黑果枸杞为骆驼刺群落的唯一伴生种或黑果枸杞与骆驼刺共同组成双优群落，而此时芦苇成为主要或唯一伴生种，群落总盖度多在 15% 以上，最高可达 82%。

郭春秀（2018）对石羊河下游的沙质荒漠草地、盐渍化荒漠草地、砾质荒漠草地 3 种不同类型荒漠草地中黑果枸杞群落的结构特征进行了调查研究，发现 3 种不同类型荒漠草地黑果枸杞群落结构简单，科属组分散，物种组成很多种为单属单科；植物种组成简单，无乔木和高大灌木层，矮小灌木层占有绝对优势，黑果枸杞群落向单一种群发展；群落的丰富度指数和生态优势度比较高，多样性指数偏低，群落间的均匀度指数相差不大，植物物种分布极其不均匀，植被稳定性较低。沙质荒漠草地中黑果枸杞为优势种，盐爪爪为亚优势种，碱蓬为主要伴生种；盐渍化荒漠草地和砾质荒漠草地中黑果枸杞为群落的亚优势种，优势种分别为 1 年生的草本碱蓬和狗尾草，主要伴生种分别为骆驼蒿和红砂。

赵艳丽对石羊河下游的盐碱地、覆沙地、固定或半固定沙地、砾石地 4 种不同立地类型黑果枸杞种群动态变化特征进行了研究，表明不同立地类型黑果枸杞种群均表现为新苗和幼龄个体较丰富，中老龄个体少，种群表现为稳定的增长型状态。黑果枸杞种群在Ⅲ龄级时死亡率最高，种群亏损率与死亡率保持一致，黑果枸杞种群呈现出前期增长、中期稳定、后期衰退的特征。种群动态指数基本为正值，说明黑果枸杞种群整体处于稳定增长的发育状态。盐碱地、覆沙地和砾石地黑果枸杞种群早期死亡率极高，更新能力受到阻碍；固定或半固定沙地黑果枸杞种群各龄级死亡基本相同，为稳定型。4 种不同立地类型黑果枸杞种群的 4 个生存函数变化除局部有差异外整体趋势较为一致，各样地中黑果枸杞种群累积死亡率和危险系数在Ⅰ龄级向Ⅲ龄级过渡时呈现逐渐增大的趋势，生存率和死亡密度函数随龄级呈单调递减的趋势。

马俊梅（2019）对石羊河下游甘肃民勤绿洲外围荒漠化地段的覆沙地、盐碱地、砾石地、固定或半固定沙丘地中黑果枸杞种群分布格局进行了研究，发现 4 种不同立地类型黑果枸杞群落结构比较简单，存在多个科单属单种现象，主要物种为藜科、蒺藜科、菊科及禾本科 4 科，无乔木层和高大灌木层，矮小的灌木层占有绝对优势。黑果枸杞在不同群落中地位不同，但总体优势较为明显，覆沙地和固定或半固定沙丘地中黑果枸杞为群落的优势种；砾石地中黑果枸杞为亚优势种；盐碱地中黑果枸杞为主要伴生种。4 种不同立地类型黑果枸杞株数在盐碱地中最多，覆沙地次之，固定或半固定沙丘地和砾石地中最少；平均株高由高到低依次是固定或半固定沙丘地、盐碱地、覆沙地和砾石地；平均冠幅分布与平均株高相似。4 种不同立地类型黑果枸杞在固定或半固定沙丘地和砾石地中呈聚集分布；在覆沙地中，黑果枸杞在较小尺度（0.2~0.5 m）呈聚集分布，在较大尺度（1.5~2.5 m）呈现随机分布；在盐碱地中黑果枸杞种群呈完全的随机分布。

　　武燕（2017）对黑河下游额济纳地区 8 个离主河道不同距离、不同水盐环境、不同荒漠土壤类型的优势种黑果枸杞群落进行了野外生态调查，结果表明离河道最远的轻度盐碱沙漠群落黑果枸杞种群呈随机分布格局，表明黑果枸杞在离河道最远轻度盐碱沙漠群落中分布的概率很小；而干旱戈壁、轻度盐碱戈壁、离河道最近中度盐碱荒、中度盐碱荒漠、离河道最远沙漠丘间低地和重度盐碱荒漠群落的黑果枸杞种群呈聚集分布格局，该分布格局维持了种群的稳定性。黑河下游黑果枸杞群落结构比较简单，主要由 7 科 15 属15 种植物组成，优势植物为黑果枸杞、花花柴（*Karelinia caspica*）、红砂（*Reaumuria soongorica*），生活型主要为灌木、小灌木及多年生草本。

6 苗木培育

近几年，黑果枸杞果实内丰富的花青素含量具有的极高经济价值导致其资源被掠夺，对生态环境造成了严重破坏，所以实现黑果枸杞资源的人工规模化栽培，是切实保护生态环境和大幅提高资源实际生产能力的主要途径。甘肃民勤农业大学已申请专利"黑果枸杞优质种苗快速繁殖的方法"（专利号：CN201310094393），甘肃民勤永靖县开展黑果枸杞种质资源保护及繁育，宁夏农林科学院国家枸杞工程技术研究中心开展过人工驯化野生黑果枸杞相关的研究，青海省农林科学院开展过黑果枸杞移植育苗试验研究，德令哈、格尔木等地也开展了黑果枸杞人工驯化技术研究，内蒙古林业科学研究院和阿拉善盟林木种苗站开展了不同种源黑果枸杞选育与栽培技术研究。

目前对黑果枸杞进行培育的技术主要分为两大类，即有性繁育技术和无性繁育技术。有性繁育技术主要是对黑果枸杞的种子进行处理后，进行育苗栽培的繁育方法；无性繁育方式则较为多样化，包含扦插育苗、根蘖育苗、嫁接育苗、组织培养等。扦插育苗又分为硬枝扦插和嫩枝扦插。已有实验表明通过黑果枸杞种子进行播种繁育，出苗率可以达到90%以上，但对其种子育苗调查中发现其性状变异较大，有许多优良性状在实生苗的早期是无法确定的，更重要的是亲本的优良性状会有后代分离等缺点，而通过无性繁育技术，即扦插、分蘖和嫁接的方式对黑果枸杞进行培育正好弥补了有性繁育方式的缺陷。因此，这两类培育方式对黑果枸杞的种植、繁育具有同样重要的意义。

6.1 播种育苗

6.1.1 黑果枸杞种子特性

黑果枸杞种子为不规则形状，呈肾形、半圆或卵形（图6-1），种皮光滑无皱纹，呈土黄色，长1.5~2.2 mm，宽1.2~1.6 mm，部分种子因黑果枸杞汁液所染，呈紫色。目前已知的黑果枸杞主要分布于山西北部、宁夏、内蒙古西北部、甘肃民勤、青海、新疆等地。不同产地黑果枸杞种子在种子的重量、水分、发芽率上具有不同的特点，对不同产地的黑果枸杞种子特性进行对比分析，找到品质优良、适应性强的种子，是成功进行黑果枸杞有性繁育的基础保障。

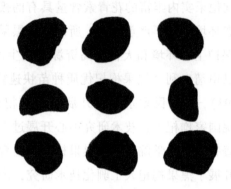

图6-1　黑果枸杞种子形态照片

6.1.1.1　主要种源种子外部形态特征

通过采集内蒙古额济纳、新疆和静、青海诺木洪、甘肃民勤、内蒙古磴口的天然野生黑果枸杞，经自然干燥，随机选取不同种源区的黑果枸杞干果用游标卡尺测量风干后的黑果枸杞果实大小，经过反复测量对比发现青海种源干果横、纵径（9.40 mm，7.67 mm）高于其他种源，其次是内蒙古额济纳种源（7.02 mm，6.10 mm），新疆和静、甘肃民勤、内蒙古磴口种源的横、纵径差异不显著。同时，将采集的黑果枸杞果实通过自然干燥后浸泡去除果皮和杂质，获得纯净种子后，将同一种源的种子进行充分混合后随机取样，用电子游标卡尺精准测量横纵径比较不同种源黑果枸杞种子形态，发现不同产地的黑果枸杞种子形态均不规则，但是形态差异不大。种子的长、宽由大到小依次为：青海诺木洪（2.15 mm，1.54 mm）＞内蒙古额济纳（2.00 mm，1.52 mm）＞新疆和静（1.67 mm，1.39 mm）＞甘肃民勤（1.61 mm，1.37 mm）＞内蒙古磴口（1.54 mm，1.28 mm）。青海种源黑果枸杞干果和种子大小外部形态最大，其次是内蒙古额济纳和新疆种源，甘肃民勤和内蒙古磴口种源的相对较小（表6-1）。这可能是由于地理环境因子的差异而造成了外部形态上的差异。

表 6-1 不同种源黑果枸杞干果和种子大小 单位：mm

测试指标		甘肃民勤	新疆和静	青海诺木洪	内蒙古额济纳	内蒙古磴口
干果	横径	5.57±0.29c	5.82±0.20c	9.40±0.11a	7.02±0.11b	5.72±0.16c
	纵径	5.09±0.25c	5.17±0.18c	7.67±0.24a	6.10±0.23b	4.89±0.14c
种子	长	1.61±0.02b	1.67±0.02b	2.14±0.12a	2.00±0.04a	1.54±0.06b
	宽	1.37±0.01bc	1.39±0.01b	1.54±0.08a	1.52±0.03a	1.28±0.05c

注：表中同列不同小写字母表示在 $P \leqslant 0.05$ 水平差异显著。

6.1.1.2 主要种源种子质量指标

不同种源黑果枸杞的果实重量、种子重量、单果籽数以及含籽率，含水量，因地理位置、生长立地条件、生长发育水平、各年开花结实条件及采种时期等因子的变化而不同。

6.1.1.3 不同种源黑果枸杞果实数量性状和含籽率

在不同种源黑果枸杞成熟期所收集的果实，采用四分法，分别随机取净干果 100 粒，用精度为万分之一的分析天平称重，重复 4 次，通过称量对比发现，不同种源的黑果枸杞果实重量差异显著。不同种源黑果枸杞果实百粒重从大到小依次为：青海诺木洪（10.26 g±0.95 g）>内蒙古额济纳（4.99 g±0.04 g）>甘肃民勤（3.60 g±0.11 g）>内蒙古磴口（3.36 g±0.17 g）>新疆和静（3.25 g±0.32 g）；单果籽数从大到小依次为：青海诺木洪（114.00 个±17.91 个）>甘肃民勤（112.75 个±10.60 个）>内蒙古额济纳（111.00 个±13.42 个）>新疆和静（78.75 个±10.90 个）>内蒙古磴口（53.75 个±17.21 个）。就不同种源而言，青海种源的种子最为饱满，果实显著大于其他种源，总体形态特征较优于其他种源，但是其含籽率在 5 个种源中是最小的。黑果枸杞为第 3 类水果中的小型浆果类，种子较小。含籽率较低的青海种源黑果枸杞果实百粒重、单果籽数却最高，说明其果浆含量较高，种子的储藏物质较高，在种子萌发过程中，可提供足够的营养物质和能量以保证幼苗充分生长。

6.1.1.4 不同种源黑果枸杞种子含水量

按照国家标准《林木种子检验规程》（GB/T 2772—1999）的要求，将青海诺木洪、甘肃民勤、新疆和静、内蒙古额济纳4个种源黑果枸杞种子选取4~5 g样品，均匀地铺放在铝盒中，用电子天平分别称取铝盒的重量 M_1 和样品盒 M_2，称取完之后将样品盒放入烘干箱中，温度保持75℃，烘干4 h，烘干后放入干燥器中冷却30~45 min，冷却后再称取样品盒质量 M_3。

$$含水量（\%）=（M_2-M_3）/（M_2-M_1）\times100$$

式中，M_1 铅盒和盖的质量（g）；M_2 铅盒和盖及样品的烘前质量（g）；M_3 铅盒和盖及样品的烘后质量（g）。

最后测得不同种源黑果枸杞种子的含水量从大到小依次为：青海诺木洪（6.1%）>甘肃民勤（5.3%）>新疆和静（4.8%）>内蒙古额济纳（4.7%），其影响因素可能与种源区的年均温度、年降水量等气象因子有关，从而导致了不同种源黑果枸杞种子大小和含水量之间的差异。

6.1.1.5 不同种源黑果枸杞种子千粒重

同一树种的种子重量因地理位置、立地条件、生长发育状况，各年开花结实条件以及采种时期等因子的变化而不同，种子的含水量多少也会影响千粒质量。通过采用百粒法测量青海诺木洪、甘肃民勤、新疆和静、内蒙古额济纳4个种源区种子的重量，每个种源随机选取100粒种子，各重复8次，使用千分之一天平进行称量，记下读数，计算平均百粒质量，再按8个重复的平均数乘以10计算1 000粒种子的质量。

最后测得各种源间黑果枸杞种子千粒质量从大到小依次为：青海诺木洪（0.968 g）>甘肃民勤（0.928 g）>新疆和静（0.823 g）>内蒙古额济纳（0.808 g），绝对质量大小依次为：青海诺木洪（0.909 g）>甘肃民勤（0.878 g）>新疆和静（0.783 g）>内蒙古额济纳（0.770 g）。

青海的种子最饱满，形态特征较其他3个种源最好，内蒙古额济纳的种子各项指标均低于其他3个种源。通常，大粒种子或质量大的种子比小粒种子具有更充实的储藏物质，能够为种子萌发提供充足的营养物质和能量，保证幼苗能够有充足的资源，最大可能地用于生长，种源选择中分析种子的质量是有必要的。

6.1.1.6 不同种源黑果枸杞种子发芽率

（1）不同种源黑果枸杞种子在恒温下的萌发

设置 10℃、15℃、20℃、25℃、30℃、35℃ 6 个不同的恒温梯度，发现青海诺木洪、甘肃民勤、新疆和静、内蒙古额济纳 4 个种源的种子在 10℃ 时均不发芽，15℃ 时开始发芽，发芽率极低，4 个种源黑果枸杞种子的起始发芽温度为 15℃，在 15~25℃ 时各种源黑果枸杞种子的发芽率随着温度的升高而增大，25~35℃ 时，发芽率随着温度的升高而逐渐降低，在高温下种子内的酶活性下降，进而影响了种子萌发，在恒温下 4 个种源种子最适发芽率温度为 25℃。

4 个种源种子在不同的发芽温度下发芽率不同，总体来说，内蒙古额济纳的发芽率显著高于其他 3 个种源，新疆和静的发芽率最低，甘肃民勤和青海诺木洪 2 个种源的种子发芽率差异不显著。30℃ 和 35℃ 时，内蒙古额济纳旗种子的发芽率逐渐低于甘肃民勤和青海 2 个种源，高温下内蒙古额济纳种子的发芽受到抑制（图6-2）。

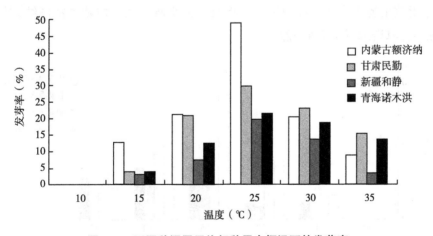

图6-2 不同种源黑果枸杞种子在恒温下的发芽率

从图6-3 可看出，4 个种源种子在不同温度下的发芽势和发芽率趋势基本一致，25℃ 时各种源发芽势达到最大值，各种源间发芽势的大小顺序为：内蒙古额济纳>甘肃民勤>青海诺木洪>新疆和静。

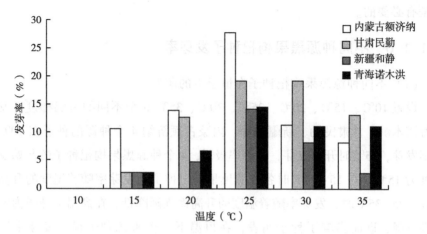

图 6-3   不同种源黑果枸杞种子在恒温下的发芽势

从图 6-4 可看出，4 个种源种子的发芽指数在 15~25℃随着温度的升高
而增大，在 25℃时 4 个种源的发芽指数最高，内蒙古额济纳种源的发芽指数
为 8.9，明显高于其他 3 个种源。25~35℃时各种源种子发芽指数均随着温
度的升高而减小，低温条件下达不到种子适宜发芽的条件，高温破坏了种子
酶的活性，从而 4 个种源黑果枸杞种子在低温和高温下均不能很好地发芽，
发芽指数也随之降低，各种源发芽指数的大小顺序为：内蒙古额济纳>甘肃
民勤>青海诺木洪>新疆和静。

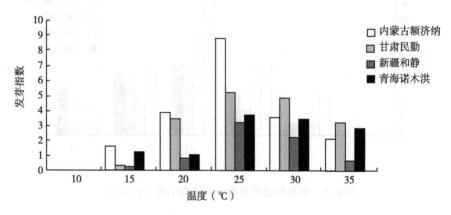

图 6-4   不同种源黑果枸杞种子在恒温下的发芽指数

萌发启动速度是反映种子发芽快慢的重要指标，一般在较低温度下启动
速度要低于较高温度下。从图 6-5 看出，4 个种源黑果枸杞种子在 15℃时萌

发启动时间最长，新疆种源种子几乎在第 9 天后才开始发芽。20℃ 以上萌发启动速度变快，30℃ 时 4 个种源几乎都在第 3 天就开始萌发，但在 35℃ 时开始减慢。4 个种源种子启动萌发速度由快到慢依次为：内蒙古额济纳>甘肃民勤>青海诺木洪>新疆和静。

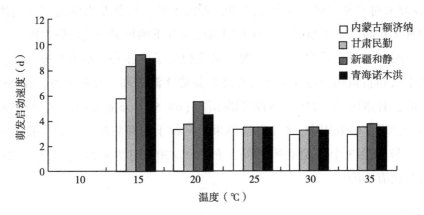

图6-5 不同种源黑果枸杞种子在恒温下的萌发启动速度

（2）不同种源黑果枸杞种子在变温下的萌发

从图 6-6 可以看出，变温条件下，4 个种源黑果枸杞种子的发芽率在 10℃/20℃ 时最低，在其他 3 个变温梯度下 4 个种源黑果枸杞种子都能较好地发芽。在 20℃/30℃ 时最高，甘肃民勤最高为 89%，新疆和静最低为 82.5%。25℃/35℃ 时，4 个种源的黑果枸杞种子的发芽率有减小的趋势，说

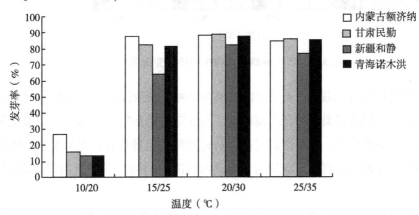

图6-6 不同种源黑果枸杞种子在变温下的发芽率

明在较高的温度下种子内的酶活性下降，影响了种子萌发。

在各个变温条件下，4 个种源间黑果枸杞种子发芽率存在一定的差异，总体表现为：内蒙古额济纳>甘肃民勤>青海诺木洪>新疆和静。内蒙古额济纳种源在10℃/20℃、15℃/25℃时发芽率均高于其他3个种源，20℃/30℃、25℃/35℃时发芽率低于甘肃民勤和青海诺木洪，可能是内蒙古额济纳黑果枸杞种子在高温下不易发芽，这和同温度条件下的恒温变化趋势相同。

从图 6-7 可以看出，4 个种源黑果枸杞种子发芽势表现为甘肃民勤、青海诺木洪和新疆和静随着温度的升高发芽势逐渐升高，发芽整齐，在25℃/35℃时，甘肃民勤（71%）>青海诺木洪（68.5%）>新疆和静（62.25%）；在不同梯度变温处理中，4 个种源黑果枸杞种子发芽势均以内蒙古额济纳最高，但与其他 3 个种源有所不同，在 20℃/30℃时为最高 75.75%，25℃/35℃时稍有下降。

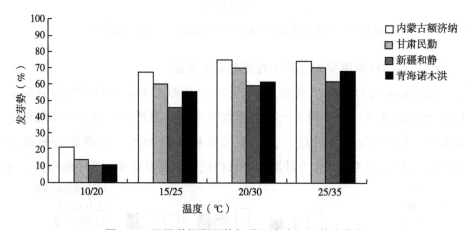

图 6-7 不同种源黑果枸杞种子在变温下的发芽势

从图 6-8 可以看出，4 个种源黑果枸杞种子在变温下的发芽指数表现为上升的趋势，均随着温度的升高而增大，与发芽势趋势的变化相同，说明发芽势越高，发芽越整齐，发芽指数越高。从种源间的差异性看，各个变温梯度处理下的发芽指数从大到小依次均为：内蒙古额济纳>甘肃民勤>青海诺木洪>新疆和静。

从图 6-9 可以看出，4 个种源黑果枸杞种子在变温下的萌发启动速度随着温度的升高萌发起始时间逐渐变快变短，速度不断加快，在 10℃/20℃时

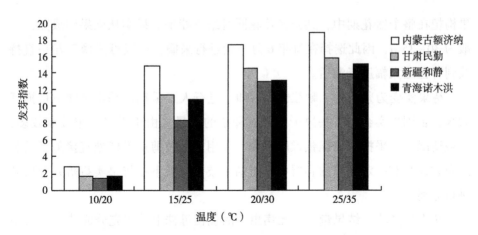

图 6-8　不同种源黑果枸杞种子在变温下的发芽指数

萌发起始时间最长，接近第 7 天才开始发芽，当在 20℃/30℃ 时各种源的萌发起始时间最短，甘肃民勤、青海诺木洪和新疆和静 3 个种源均在第 3 天开始发芽，内蒙古额济纳接近第 2 天就开始发芽。变温条件下，温度越高，萌发启动速度越快，4 个种源在 15℃/25℃ 和 20℃/30℃ 萌发启动速度差异较明显，内蒙古额济纳较其他 3 个种源最先开始发芽。

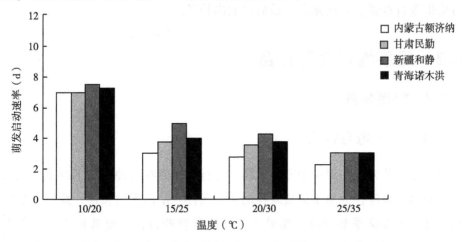

图 6-9　不同种源黑果枸杞种子在变温下的萌发启动速度

6.1.2　制种

黑果枸杞花期一般集中在 5—8 月，果实成熟期多集中在 8—10 月。黑果枸杞在整个盛花期中，共开三茬花同时结三茬果。果实从坐果到成熟，一般为 30~35 d，因此选择在每年 6 月下旬进行采摘，一般可采摘三茬一直持续到种植地大幅度降温后。

待果实变为紫黑色、颗粒饱满后即可进行人工采摘。采摘时间不可拖延太久，否则果实会在枝头风干，影响种子的质量。由于黑果枸杞枝刺较多，一般情况下，采摘时需佩戴橡胶手套，采用长嘴枝剪从果柄处直接剪下后装入布袋或具有一定孔隙的容器中或将结果枝整枝剪下后将果实抖落并与枝叶进行分离。

从生长健壮、结果量大、无病虫害的优良母株上采集充分成熟（果实由绿变紫黑色）的果实，直接用纱网包裹揉搓，揉搓破碎的果实放入清水淘洗后，过滤掉果肉和果皮，再置于细筛内用清水反复冲洗，直至无色后，将底层沉淀的种子捞出置于阴凉（忌暴晒）通风处晾干。种子晾干后置于棉布袋内于低温（0~5℃）干燥通风处贮藏。如果是干果留种，则需要先除去种子中的杂物，比如残枝、果梢、碎梢以及沙土等杂质。将筛选后的干果用清水进行 1~2 h 浸泡，然后重复上述步骤。也可以在经过 24 h 浸泡后，通过打浆机进行打浆、清洗除杂，最后过滤出种子。

6.2 黑果枸杞播种育苗

6.2.1 容器育苗

6.2.1.1 选地与整地

容器育苗大多在温室或塑料大棚内进行。因为在这种环境下育苗，能人为控制温、湿度，为苗木创造较佳的生长条件，使苗木生长快，缩短育苗时间，并且可以反季节育苗。如果在野外进行容器育苗，要选择交通条件方便，便于管理的地方，育苗地必须选择地势平坦、排水通畅和通风、光照条件好、灌溉条件好的半阳坡，忌选易积水的低洼地、坡度大于 5° 的坡地、风口处和阴暗角落。

根据育苗地水湿状况不同，分低床、平床、高床 3 种。气候湿润，雨量较多的地区或灌溉条件好的育苗地可作高床，即将容器摆放于与步道相平的苗床上；干旱地区或灌溉条件差的地区，采用低床或平床，即在低于步道的床面上摆放容器，摆好后容器上缘与步道持平或低于步道。苗床宽 1.2 m 左右，长度根据地形及作业方便之需而具体设计，步道宽 30~40 cm。育苗地周围要挖排水沟，做到内水不积，外水不淹。

6.2.1.2　容器的选择

育苗容器种类很多，黑果枸杞容器育苗一般选择营养钵，规格为直径 10 cm，高 20 cm。

6.2.1.3　装填容器

容器必须装实，装至离容器上缘 0.5~1 cm 处。摆放容器时容器直立，上口平整一致，错位排列，容器之间空隙用营养土填满。装填前基质要严格进行消毒，消毒剂有福尔马林、硫酸亚铁、代森锌、高锰酸钾等，杀虫剂有辛硫磷等。

6.2.1.4　播种

播种前，用 40℃ 左右温水浸泡种子 24 h，以提高发芽率，浸种后用 0.5% 高锰酸钾溶液浸泡 20~30 min 进行消毒。消毒后的种子按种子和沙的体积比为 1∶3 的比例混拌，即可播种。每个容器下种量 2~3 粒，播种后用细沙覆盖，厚度为 0.5~1 cm，以看不见种子为度。温室中不用覆膜，大田宜用塑料薄膜或谷草覆盖床面。

6.2.1.5　苗期管理

（1）浇水

播种覆土后应即刻浇透水，并进行培土。幼苗生长初期要多次适量浇水，保持培养基质湿润，苗木速生期应量多次少浇水，生长后期要控制浇水，加强苗木木质化程度。在苗木出圃前要浇水，利于土壤紧实。

（2）间苗

在苗木出齐后 1 周内间苗，容器育苗每个容器最后只留 1 株壮苗，其余的幼苗分 1~2 次间去，对死亡、生长不良或未出苗的要进行补苗。

（3）除草

按照"除早、除小、除了"的原则，保持容器内、床面和步道无杂草，人工除草时要防止松动苗根。

（4）病虫害防治

本着"预防为主、综合治理"的方针，发生病虫害及时防治。在苗出齐后可马上喷施等量式波尔多液，每周一次，可进行 2~3 次。

（5）出圃

出苗 4 个月后即可出圃，在苗木根系未生长出容器底部时出圃为宜。起苗要求做到少伤侧根、须根，保持根系完整，不折断苗干（彩图 6-1 至彩图 6-4）。

6.2.2　大田育苗

6.2.2.1　苗圃地选择

选择地势平坦，有灌溉排水条件，地下水位 1.0~1.5 m 的地块，土壤为沙壤土最适宜。

6.2.2.2　整地

播种地于 4 月上旬翻耕，为做播种床做好充分的准备。做床前清除圃地杂物草根，按 1 400 kg/亩施入腐熟农家肥，在这其中最佳的选择为农家羊粪。在施农家肥后要及时进行翻耕，同时确保将圃地内尚未腐烂的植物根及其他杂物清除干净，并将播种地面耙平。

6.2.2.3　做床

在灌溉条件方便的育苗地做高床是较好的选择。高床的床高一般为 15~20 cm，宽度一般为 1~1.5 m，苗床的长度根据选择的播种地决定。同时，在排水条件比较好的育苗地可以采用平床的方式育苗。为确保育苗后苗期管理更加方便，苗床之间最好留出 40 cm，作为人工或机器工作区，确保今后除草、病虫害防治、施肥管理等有足够的劳作空间。在播种前 3~5 d，要将苗床灌足底水，在灌足底水的同时用硫酸亚铁溶液、代森锰锌、五氯硝基苯等杀菌剂对土壤进行消毒处理。

6.2.2.4 播种时间

一般在 4 月中下旬至 5 月上中旬进行播种，因各地气温存在差异，一般情况下应与当地春播时间基本保持一致。

6.2.2.5 播种方法

播种时，选择一年生种粒饱满的种子，千粒重在 1 g 左右。也可对育苗种子随机抽取 100 粒进行发芽实验，选择同等发芽条件下发芽率达到 95% 以上的种子。

播前把贮备的种子用 40℃ 温水浸泡 24 h，浸种后用 0.5% 高锰酸钾溶液浸泡 20~30 min，对播种种子进行消毒。消毒后的种子按种子和沙的体积比为 1 : 3 的比例混拌，即可播种。大田播种以条播为宜，条播按行距 20~30 cm 开沟，沟宽度控制在 15 cm、深度控制在 10 cm，将种子掺细沙混匀，均匀播入沟内，覆 0.5 cm 左右细沙，然后用塑料地膜覆盖，下种量为 0.75~1 kg/亩为益。待种芽透地皮后顶到地膜时开始放风，放风 7~10 d 后选阴雨天气全部揭去地膜（彩图 6-5）。

6.2.2.6 苗期管理

（1）灌水

播种后应随时观察床面的墒情及发芽情况，保持湿润。播种后 15 d 左右灌 1 次水，灌水采用漫灌的方式。之后根据土壤湿度情况适时灌水，一般 1 年内 4~6 次，但切忌长时间积水。

（2）放苗

为增强幼苗的抗逆性，在苗木出齐后且高度达到地膜后揭膜放苗，放苗时间宜选择温度不高的清晨或傍晚时间。

（3）中耕除草

出苗后要进行松土除草，1 年结合灌水进行松土除草 4~6 次。

（4）间苗

5 月下旬至 6 月上旬当苗高 3~5 cm 时，间疏弱苗和过密苗。6 月下旬左右进行定苗，留苗株距 3~5 cm，留优去劣，去弱留强。产苗量控制在 8

万~10 万株。

（5）施肥

同时结合灌水在 5—7 月追肥 3 次，追肥以氮、磷肥为主，施肥总量以苗木长势而定。苗高 7~10 cm 时第一次追肥，苗高 20~30 cm 时第二次追肥，每次用量 6~7 kg/亩。追肥后立即灌溉。

（6）病虫害防治

枸杞白粉病、根腐病、蚜虫、瘿螨、负泥虫可使用苦参碱、森得保、灭幼脲等生物药剂进行防治。10 d 左右防治 1 次，连续防治 2~3 次，注意轮流交替用药。

（7）出圃

在当年秋季或翌年 3 月中下旬土壤解冻时开始。起苗要求做到少伤侧根、须根，保持根系完整，不折断苗干，主根长度控制在 30 cm 左右。起苗后要对苗木进行修枝，留一个主干，高度控制在 50 cm 左右（彩图 6-6、彩图 6-7）。

6.3 黑果枸杞种子园建设

种子园是经过人工选择的无性系或子代所组成的人工林，通过隔离或经营措施，以避免或减少外源花粉侵入，其经营目的是生产遗传品质经过改良的种子，以满足造林更新的需要。黑果枸杞种子园的建设，可在黑果枸杞建园时同期进行，确保种子园建设满足种子生产所需的物质条件和组织建设。种子生产要满足气候、土地、加工、仓储、运输等条件。良好的生产条件和合理的规划对种子园的建设来说非常重要。要控制好自然条件和社会经济条件。自然条件是指气候条件、隔离条件、土地面积、土壤肥力条件、交通条件等。社会经济条件包括社会经济发展水平、劳动力资源、劳动者素质等方面，也是黑果枸杞种子园建设不可忽视的重要条件。同时，建立完善的种子基础设施、建立良好的生产管理体系对种子园建设尤为重要。

黑果枸杞因人工种植年限较短，优良无性系选育尚不成熟，内蒙古自治区林业科学研究院种子园建设采用了产地种子园建设方法进行建设。

（1）种源筛选

为保持优良性状，黑果枸杞种子园建立前，采取优良种源选择方式：在野生黑果枸杞群落中，选择超级大果型、大植株、表现高抗性的优势树树株，采集其种子，实生播种进行繁育苗木，建立实生苗种子园，即最佳无变异纯真实生种子园。

（2）种子园园址选择

园地选在适于黑果枸杞驯化、生长的生态条件范围内地势平坦，便于管理，有利于提高黑果枸杞的遗传品质。并且土地使用权要明确，交通、电力方便的地方。要求园地土层深厚，质地疏松，排水良好，pH值为7~8。

（3）授粉树的配置

据观测分析，黑果枸杞的自由授粉能力很强，可以选择优势苗木、超级苗木进行随机配置栽植。

（4）具体栽植技术

栽植株行距设置为1 m×2 m，长方形配置。

栽植方法：栽植时要做到苗木端正，根系舒展，细湿土埋根，分层覆土，适当深栽（覆土超过原土印1~2 cm）压紧。使根系与土壤紧密接触。即遵守"三埋两踏一提苗"的原则。栽植要求树群排列整齐，美观。栽植后，立即浇足定根水，待水渗干后，树盘覆压地膜并设立支柱，固定苗木，防止风吹摇摆影响成活。栽植前先用ABT 3号100 g/kg（每小包1 g兑水10 kg）溶液喷湿苗根。要喷匀、喷透，至有药液下落，然后用塑料薄膜覆盖根部保湿，待药液充分吸收后造林可以显著提高黑果枸杞移栽成活率。

栽植时间：土壤解冻后，内蒙古于春季3月中下旬至4月，在适当时机，最短的时间内一次性完成黑果枸杞人工种子园栽植。确保一次性成园。

（5）实施肥料

基肥的施入时间是冬灌前，基肥的主要成分是羊粪、大粪、牛马猪粪、炕土及氮磷复合肥等可以同时施用。新栽植时，施肥切记注意肥料不能与黑枸杞根系直接接触。种子园幼龄树时，采用的施肥方法是在树冠外缘的行、株间的两边各挖一条深20~30 cm的长方形或月牙形小沟施肥。成年的大树主要采用在树冠外缘40 cm深的环状沟内施肥。进行第一次施肥的时间是花蕾开放前和春梢（七寸枝）旺盛期即5月上旬，进行第二次追肥的时间是七寸枝进入盛花期即 6 月下旬或 7 月上旬。幼龄树每株树一次施用的肥料是尿素或复合肥在 50 g 左右。在植株进入花果期时使用的是 1%~2% 的氨磷钾三元复合肥或用 0.3% 的磷酸二氢钾等。

（6）灌水

黑果枸杞灌溉时要进行科学合理的灌溉。绝不能大水漫灌造成积水，还要勤灌、浅灌使园土保持湿润。这是因为黑果枸杞既喜水，但又怕水。第一次灌溉大多在 2 月中下旬，第二次灌溉是在 10~20 d，之后灌溉每隔 20 d 进行 1 次。全年灌溉次数至少保证 4 次水：早春萌芽期灌头水，头水后 20 d 左右再灌 1 次，开花前灌溉 1 次，采果期间控制灌溉，土壤封冻前灌溉 1 次。有条件的，在夏果采完后随即进行灌溉，促进秋果生长。为了促进秋梢生长采用灌溉 "白露" 水在 9 月上旬，10 月的灌溉要进行合理控制。12 月上中旬冬基肥后灌好冬水。

（7）果实采收及种子贮藏

内蒙古黑果枸杞采种期为 7—10 月，当果实由绿变紫黑色时就要及时采摘。采种后，要随即登记，并运往指定地点进行种子调制：主要包括干燥脱粒和净种。

种子贮藏：种子调制好后进行干藏。

（8）种子质量的测定及分级

种子质量的好坏直接影响到以后育苗和造林工作的成败，因此要使用高质量的种子。一般种子质量的检验，除了调查种子的来源是否优良以外，还要检验种子的净度千粒重、发芽力、含水量和生产适用率等。为了提高林业生产的经济效益做到优质优价，在种子收购、调运、贮藏及林业生产等用种采用宁夏回族自治区《主要林木种子质量分级》（DB64/T 1182—2016）种子质量分级标准。

6.4 黑果枸杞采穗圃建设

采穗圃是以优势树或优良无性系为材料，生产遗传品质优良的枝条、接穗和根段的良种繁殖基地。其主要用来直接为造林提供种条或种根；另外是为进一步扩大繁殖提供无性繁殖材料，用于建立种子园、繁殖圃或培育无性系苗木。在林草行业生产中，无性繁殖占有极其重要的地位，扦插育苗，良种推广中常用二等嫁接繁殖均需要大量的穗条作为基层。随着选优工作的开展，无性系种子园的建立，需要大量的种条。直接从优势树上采集，不仅采集过程较困难，而且能够提供符合条件的数量有限。种子园虽能采集一定数量的种条，但采条会对种子园植株的正常生长产生影响，妨碍种子园正常使用管理。为了能持续不断地提供大量来自优势树的种条，需建立采穗圃。

建立黑果枸杞采穗圃能够将亲本的优良特性一定程度地保持，所生产的种条的遗传品质能够最大程度地被保证；通过对采穗母树的修剪、整形、施肥等抚育措施，能够生产出生长状况良好，粗细适中，健壮充实木质化程度适合并具备良好生根能力的穗条；建设方法简单易行，便于管理，建设成本低，并能够产生足量的穗条，为黑果枸杞扦插育苗及时地提供穗条，一定程度上降低了扦插育苗的时间限制；集中管理的条件下，对病虫害的发生比较容易预防控制。

6.4.1 采穗圃种类

依据采穗圃建立材料选择鉴定情况，分为两类：

初级采穗圃：从未经测定的优势树上采集材料建立而成；主要用于为提供建设一代无性系种子园，无性系测定和资源保存所需的枝条、接穗和根段。

高级采穗圃：由经过测定的优良无性系、人工杂交选育定型树或优良品种上采集的营养繁殖材料建设而成，通过亲本鉴定优良无性系等优势树上采集材料建立而成；主要是为建立一代优良无性系种子园或优良无性系，为既定具备优良特性品种的推广提供枝条、接穗和根段。

依据采穗圃可提供繁殖材料的不同，分为两类：

接穗采穗圃：以生产供嫁接用的接穗为目的；常采用乔林式，株行距根据树种进行调整，常为 4~6 m；用材林树种，采穗母树的树体可任其自然生长，将病枝、枯损枝减除即可；经济林树种，采用同果树相近的整形修剪原则修剪即可。

插穗采穗圃：以生产供扦插繁殖用的枝插穗或根插穗为目的；常规采穗母树成垄或成畦，采用灌丛式，株行距 0.5~1.5 m，3~5 年重新栽种新种条进行一次更新。

6.4.2 采穗圃建立方法

（1）采穗圃地的选择

需建立在保护地中，注意周边黑果枸杞间的传粉和隔离问题；且气候适宜、土壤肥沃、地势平坦、便于灌溉、交通方便、劳动力充足。

（2）采穗圃地的整地

选择好建设地后，上年 11 月初整平、翻耕土地，翻耕 20~25 cm，施足量底肥，浇冬水；当年 3 月底整平土地耙压。为防止品种混杂，便于后期管理采穗使用，可依据品种或无性系作区分依据，将同一品种栽植在同一育苗床上。

（3）采穗树培育

在不同种源区中，经过人工选育后，选择优良单株，通过无性繁殖，得到幼苗；选择健康苗作为定植苗，在保护地（温室或塑料拱棚内）按照行距 30 cm，株距 20 cm 定植；定植结束后立即灌水；在生长出第一批新枝条后，进行平茬；之后每隔 15 d 左右灌水 1 次；期间每次灌水后除草 1 次，每月施肥 1 次。

（4）采穗圃管理

修剪：头水后，在距采穗定植株 5~10 cm 处设置支撑杆，支撑杆高度在 60~100 cm，粗度 4~5 cm，将黑果枸杞主干绑在支撑杆上。采用摘顶法和摘叶法抑制优势条的高粗生长，摘顶的做法是当苗高达 30~40 cm 时，把主干上的顶芽摘除，促使侧条萌发生长。

灌水管理：根据土壤墒情，于 4—9 月采穗前半个月灌水，灌水 4~5 次。

土壤管理：合理施肥对保证采穗圃提供大量优质穗条，特别是提高可利用插条的生长量十分重要。除深耕后施足底肥外，每年追肥 2~3 次，以氮磷钾复合肥、尿素为主，最后一次追肥不迟于 8 月上旬。注意中耕除草。

病虫害防治：由于采穗树每年萌芽抽条和大量采条，容易发生病虫害，每年宜喷洒波尔多液和有针对性的杀虫剂，及时处理枯枝残叶。

提纯复壮：每年观察黑果枸杞苗圃地各个品种生长情况，将生长量低或发生变异的植株及时移除，于隔年补种相应品种纯种苗，保证采穗圃品种的纯度和质量。

更新：黑果枸杞采穗圃一般2~3年更新1次，以倒茬轮作为宜，把原树连根挖除，另建新圃。

建立技术档案：建立独立档案，记录采穗圃的基本情况，区划图，优良品种的名称、来源和性状，采取的经营措施，种条品质和产量的变化情况等。

6.5 黑果枸杞扦插育苗

6.5.1 硬枝扦插

黑果枸杞硬枝扦插一般选取生长势较好、无病虫害、1年生、木质化的黑果枸杞枝条作为插穗材料。

（1）圃地的选择

选择地势平坦，排灌良好，光照充足、交通便利、土壤透气性好的土地上建圃，土壤以沙壤土或壤土为宜。

（2）整地

扦插前整地，主要包括翻耕、耙地、平整，清除草根、石块，做到深耕细整、地平土细，翻耕深度不小于30 cm。育苗前3~4 d灌足水，待能够作业时浅耙1次。施腐熟的农家有机肥2 500~3 000 kg/亩。

（3）插条采集

一般在深秋或春季萌动前。采穗圃中采集，在树冠中上部采集1年生、直径为0.3~0.6 cm木质化的枝条。

（4）插穗制作

插穗长度15 cm。用锋利的剪刀截条，上切口剪平口，下切口剪成斜口，剪好的插穗按不同品种每50根为1捆，挂上标签。

（5）插穗贮藏

将制好的插穗进行倒置沙藏。贮藏时用窖藏，在窖内挖30~40 cm深的坑，坑的大小视种条的多少而定，先在坑底垫15 cm左右厚、经0.5%高锰酸钾消毒的沙，然后将捆好的插穗依次倒立摆放于坑内，要求捆与捆之间填满潮湿河沙，上层再盖30~50 cm的河沙。沙藏期间要经常检查，保持沙的湿润。

（6）插床准备

插床宽1.0~1.2 m，步道宽0.3 m，长度依地形而定。插床基质为河沙，厚度 10 cm。扦插前 1 周用 0.5%高锰酸钾溶液消毒，3 d 后喷淋冲洗。

（7）扦插时间

4 月底至 5 月初，日均气温稳定在 12 ℃时扦插。

（8）插穗处理

扦插前将插穗用 0.3%高锰酸钾溶液浸泡 15 min，清水清洗后放入配制好的质量分数 $3.00×10^{-4}$ 萘乙酸（NAA）溶液中浸泡 3 h。

（9）扦插方法

扦插前把基质浇透水，用引锥打孔直插，按株距 8 cm，行距 10 cm 扦插，深度 14 cm 左右。插后压实，让基质与插穗下切口充分接触。插穗须随时处理随时扦插。插后搭高 1.5 m 左右的塑料拱棚。

（10）插后管理

扦插后浇透水，之后根据天气状况采用"少量多次"的原则喷水控制湿度，并遮阴。日光温室（拱棚）温度控制在 20~30 ℃，湿度控制在 70%~80%。同时每隔 7 d 喷 7%甲基硫菌灵 1 000 倍液 1 次。当生根后可适当减少喷水次数、延长喷水间隔时间，并逐渐增加通风量和透光度。

6.5.2 嫩枝扦插

多年经验表明，嫩枝扦插较硬枝扦插技术更加成熟，能够较大程度地保持树种或品种的遗传特性，同时具有资源充足、取材方便、成苗快速、培育成本低等特点。

（1）选地与整地

黑果枸杞嫩枝扦插地应选在地势平坦、有灌溉条件、排水良好、交通便利、土层深厚的沙壤土地方进行育苗。条件允许的情况，一般不选择之前种植枸杞的育苗地和菜地。

在选择好的育苗地依据条件搭设简易大棚，覆盖两层遮光率为50%的遮光网，依据大棚规模，架设倒悬式框架折射雾化微喷，喷射直径为 1.0~1.5 m，安装密度为行距 1 m，单喷头距 1.5 m。以水雾对扦插苗进行喷水，以及通过增加湿度调整整个生根期间温室的温度，需注意水分不能过大，苗床不能有积水，防止因湿度过大导致插条腐烂。翻耕 20~30 cm，清除圃地杂物草根，后打开大棚晾晒。晾晒后每亩按 2 500~3 000 kg施腐熟的农家有机肥，浅翻后耙平地面。后覆沙制成 4 cm 左右的沙床。为了防止土壤中的病菌和地下害虫，扦插前每亩沙床配 700 g 杀菌药液，通过喷灌设备进行杀菌消毒；同时使用百菌清土壤杀菌熏剂，傍晚时，密闭棚膜，按每亩 200 g 使用，蒸熏一夜（不少于 6h），第 2 天早晨放风，排出有害气体（彩图 6-8、彩图 6-9）。

（2）插条采集

在采穗圃中采集营养生长旺盛、半木质化、无开花、无结实的枝条作为扦插材料（即枝条较柔软、颜色由绿变白的健康枝条）。一般选择粗度 0.2~0.3cm 的枝条制作插穗。

（3）插穗制作

将枝条剪成长度 5~7cm 的插穗，插穗顶端剪成平口，低端剪成斜口，保证最大面积吸收生根液。剪除下端 2/3 处所有叶片和棘刺同时保留上端的叶片和棘刺，保证枝条除原叶片和棘刺部分外，无其他伤口；处理好的插条最好即剪即用，最多隔天使用，扦插如需隔夜，需确保插条保水，可使用保水性好的如毛巾等物，将插条覆盖，保证其活力。由于枝条修剪时较慢，因此需要大量人工劳动力。

（4）扦插准备

扦插前 3 d 将温室灌水浇透，扦插前将苗床喷湿，按照株距 5 cm，行距 10 cm，深度 2~3 cm 的钉板器打孔，确保株距保持 5 cm，行距保持 10 cm，深度 2~3cm。插穗选自 1 年生黑果枸杞当年萌发的半木质化、无分枝、无开花结实、无病虫害的枝条，通过不同浓度的生长调节剂溶液处理黑果枸杞嫩枝插穗进行扦插。试验结果表明不同处理组对黑果枸杞嫩枝扦插成活率、苗高、主根长以及地径等指标有极显著的影响，浓度为 300 mg/kg 萘乙酸加 300 mg/kg 吲哚丁酸对黑果枸杞嫩枝扦插育苗成活率、苗高、地径、主根长均有显著促进作用。生长调节剂加入滑石粉调和可增加附着力。

（5）扦插方法

扦插时，插条下端无叶片部分迅速蘸取生根液，后立即放入事先打好的孔内，在根部按压，按实。上段有叶子的部分不能沾到生根液，插条不能有伤口。快速扦插完整个温棚后，将苗床中散落的叶片去除，将温棚封好，同时进行喷水，保证扦插结束后 30 min 内喷水，喷水 1 min，保持叶面有水珠，床面无积水即可。确保在整个插条生根阶段温棚不通风，利用微喷使温度保持在 45~50℃, 湿度保持在 90% 以上（彩图 6-10、彩图 6-11）。

（6）抚育管理

一般 20 d 可生根，整个生根期间，温室温度控制在 45~50℃，沙床温度 35~40℃，晴天 8：00—10：00，16：00—19：00，1.5 h 喷水 1 次，每次喷 30 s；10：00—16：00，1 h 喷水 1 次，每次 30~60 s。阴天 10：00—16：00，喷水 2~3 次，1 次 20 s。空气湿度保持在 90% 以上，沙床湿度 10%~15%。扦插后进行 3 次预防灭菌，时间分别为第 3 天、第 7 天、第 15 天。消毒液依次使用多菌灵、百菌清、代森锰锌，轮换用药，3 种消毒剂不重复使用，防止产生抗性。进行消毒时，将消毒液加入水中，在早晨第一次喷水时将消毒液加入，随喷水进行。50% 多菌灵按照每亩 150 g 使用；80% 代森锰锌按每亩 150 g 使用；75% 百菌清按每亩 100 g 使用。

15 d 拆除一层遮光网，15 d 以后每天喷水 2~3 次，每次 5~10 min。保持空气湿度 70% 左右，沙床湿度 10% 左右。20 d 后即生根，生根后温度控制在 30℃ 以下。此时可进棚检查成活，将没有生根的死亡插条和落叶去除，为增强幼苗的抗逆性，开始每天通风炼苗，扦插后 20 d 以前不能通风炼苗。可以选择在晴朗的天气进行通风炼苗，即让幼苗从现有生长环境逐步过渡并适应未来正常室外生长环境。具体操作包括逐步将温室的放风口打开；要注意控制炼苗时间，时间太短，起不到健壮苗株的作用；时间太长，容易导致苗木老化，也易出现早衰的现象，不利于黑果枸杞后期在大田的生长。一般情况下前 3 d，通风 2 h，晴天在 11：00—13：00；阴天在 12：00—14：00，通风炼苗期间同时减少喷水。后每天通风 4 h，晴天延迟到 15：00；阴天延迟到 16：00；持续到 35 d 以后灌水，然后完全打开棚膜（彩图 6-12 至彩图 6-15）。

（7）后期管理

根据苗木和天气情况进行管理；第 1 次灌水以地表全湿即可，土壤湿度保持在 40%~50% 即可；补充肥料撒施氮肥，每隔 20 d 进棚除草 1 次。

6.6 组织培养

植物组织培养又称离体培养，是植物无性繁育的方式之一，是指用植物各部分组织，如形成层、薄壁组织、叶肉组织、胚乳等进行培养，并获得再生植株的过程，也指在培养过程中从各器官上产生愈伤组织的培养，愈伤组织再经过再分化形成再生植物。

黑果枸杞常见的组织培养所选取的组织部分主要有2种，一种是从优良植株上截取带芽枝条作为被培养组织；另一种是通过选取优良单株种子为外植体，经培养后处理为去根无菌苗，并在培养基中诱导获得愈伤组织。之后对获得的组织经过杀菌、初代培养、继代培养、生根、炼苗，最后进行大田移栽，从而实现通过组织培养的方法对黑果枸杞进行无性繁殖的过程。

对培养组织进行杀菌的常规做法是在超净工作台上用75%的酒精浸泡消毒30 s，倒去酒精，用无菌水冲洗干净，再用0.1%氯化汞溶液消毒10~15 min，最后用无菌水冲洗3~5次，准备进入初级培养。如果是带芽茎条，可以用消毒滤纸吸干茎段表面水分，再进行初代培养。

进行愈伤组织培养、初代培养、继代培养时培养基的制备是关键。已有研究表明对于以种子培育无菌苗时，MS培养基适合黑果枸杞种子萌发与生长，无菌苗在MS+1.0 mg/L 6-BA+0.1 mg/L IBA培养基中可以形成较好的愈伤组织；在MS+0.4 mg/L 6-BA+0.1 mg/L IBA培养基中不定芽数量较多；适宜生根的培养基为1/2MS+1.5 mg/L IBA，生根率可以达到98%。对于以带芽茎条为组织进行培养，芽诱导培养基：MS+6-BA 0.5 mg/L（单位下同）；继代增殖培养基：MS+6-BA 0.3+NAA 0.05；生根培养基：1/2MS+IAA0.5。以上培养基均附加蔗糖为3%（生根培养基中为1.5%）和0.6%琼脂，pH值为6.0。培养温度（22℃±1℃），光照12 h/d，光照度40 μmol/（m² · s）。

6.7　育苗技术档案建立与苗木出圃

6.7.1　育苗技术档案

黑果枸杞育苗的每一步骤和过程都要有详细的档案记载，具体记录格式可参考《林木种苗生产经营档案》（LY/T 2289—2018）执行。本书在此列出《林木种苗生产经营档案》（LY/T 2289—2018）附录档案表（表6-2至表6-4），仅供参考。

表6-2 林木种子出（入）库记录表

编号：_____

树种：	品种：	普通种□ 良种□	林木良种编号：
种子产地：	省（市、自治区）	市	县（市、区）
采种林类型：种子园□ 母树林□ 采基地□ 一般休种林□ 其他□
采种（调入）时间： 年 月 日	采种（调入）数量（kg）：
种子加工时间： 年 月 日	调制方法：
种子入库时间： 年 月 日	贮藏方法：

林木种子出库情况

序号	出库时间	数量（kg）	种批号	合同编号	提运者	提运者联系方式

注：不同树种、不同品种的种子分别填写此表；采种（调入）时间为种子采集或种子调入的时间，根据实际情况进行填写；调制方法、贮藏方法根据种子生产的实际情况填写。

经办人：_____ 审核人：_____

表6-3 穗条出（入）圃记录表

编号：_____

树种：		品种：	普通种□ 良种□		林木良种编号：	

穗条原产地： 省（市、自治区） 市 县（市、区）

穗条产地： 省（市、自治区） 市 县（市、区）

穗条来源：采穗圃□ 其他□

采种（调入）时间： 年 月 日	采种（调入）数量（kg）：
穗条的包装方式：	穗条的保存方法：

穗条出圃情况

序号	出圃时间	数量/条（kg）	穗条批号	合同编号	提运者	提运者联系方式

注：不同树种、不同品种的穗条分别填写此表；穗条采集（调入）时间为穗条采集或调入的具体时间，根据实际情况进行填写。

经办人：_____ 审核人：_____

表6-4 苗木出（入）圃记录表

编号：＿＿＿＿＿＿

树种：	品种：	普通苗□ 良种苗□	林木良种编号：
育苗所用种子（穗条）产地： 省（市、自治区） 市 县（市、区）			
苗木产地： 省（市、自治区） 市 县（市、区） 乡（镇） 村			

出圃（调入）时间： 年 月 日	苗龄：	苗木数量（株）：	苗木质量检验结果单编号：

苗木种类：播种苗□ 扦插苗□ 嫁接苗□ 组培苗□
移根苗□ 容器苗□
移植苗□ 其他□

苗木出圃情况

序号	出圃时间	数（林）	苗批编号	合同编号	提运者	提运者联系方式

注：不同树种、不同品种的苗木分别填写此表；苗木种类一栏根据实际情况填写，可以是多个选项。

经办人：＿＿＿＿＿＿ 审核人：＿＿＿＿＿＿

6.7.2　苗木出圃

（1）出圃前准备

苗木出圃前应对苗木进行全面调查，进而了解苗圃内苗木的数量和质量情况，为苗木的出圃提供数量和质量依据。苗木调查应结合苗圃档案和实地调查，通过查阅苗圃档案，根据苗龄、育苗方式确定调查区域及调查方法。以调查区面积的 2%~4% 确定抽样面积，如果样地面积不大，则可以采用逐株计数法；如果样地面积较大，则使用抽样统计法，即随机样方法或标准行法。

（2）起苗

出苗 4 个月后即可出圃，一般在当年秋季苗木落叶后或翌年春季苗木萌芽之前，在苗木根系未生长出容器底部时出圃为宜。起苗要求做到少伤侧根、须根，保持根系完整，不折断苗干。

（3）苗木分级

起苗时按等级划分以 100 株为 1 捆，每捆苗木附以标签。黑果枸杞苗木一般根据地径、苗高和根系情况分为 2 个级别，具体分级情况见表 6-5。

表 6-5　黑果枸杞苗木分级

苗龄（年）	苗木等级					
	I 级苗			II 级苗		
	地径（cm）	苗高（cm）	根系	地径（cm）	苗高（cm）	根系
1~3	≥0.4	≥45.0	较完整	0.25~0.4	30.0~45.0	较完整

（4）苗木检疫

中国植物检疫始于 20 世纪 30 年代，是通过法律、行政和技术的手段，防止危险性植物病、虫、杂草和其他有害生物的人为传播，保障农林业的安全，促进贸易发展的措施。其中第七条第二项规定凡种子、苗木和其他繁殖材料，不论是否列入应施检疫的植物、植物产品名单和运往何地，在调运之前，都必须经过检疫。因此，黑果枸杞苗木在运输前应通过相关部门的检验检疫，确认无病、虫、有害生物后方可进行运输。

（5）苗木包装、运输与保存/假植

黑果枸杞运输期间应注意通风透气，保持根部湿润不失水，防止风吹、日晒、发热和风干。若苗木出圃后不能及时栽种，可以采取假植的方式进行保存，以防根系缺水导致苗木活力降低甚至枯萎。假植应选背阴、排水良好的地方挖假植沟，假植沟深宽各为 30~50 cm，长度依苗木多少而定。将苗木成捆排列在沟内，用湿土覆盖根系和苗茎下部，并踩实，以防透风失水。

7 建园

7.1 园地选择

    黑果枸杞常分布于荒漠区的盐碱地、沙地等，以野生分布的自然条件结合人工种植技术及种植需求，新建黑果枸杞园应建在背风向阳，通风良好，具备良好的排灌条件、有农田防护林带、交通方便、便于管理的地方。黑果枸杞具有耐干旱耐盐碱性，在此优质特性的基础上，从气候类型区分，温带大陆性气候的区域均可种植黑果枸杞，在温带大陆性荒漠气候也可人工栽植。根据园地分布区域地下水位、光照、土壤、空气湿度等条件差异，建园存在差异性。首先，虽然黑果枸杞属于耐旱植物种，但是在水分条件好的情况下，生长量优于干旱条件下，所以园地优选在地下水位浅或降水条件相对丰富的地区，一方面增强黑果枸杞生长，另一方面可以相对减少人工灌溉的次数和用水量，降低抚育成本。但在此种条件下建园要注意排水，黑果枸杞在土壤含水量较大的情况下，容易发生根腐烂，对水渍的耐受程度较低。其次光照强度对黑果枸杞的营养生长及繁殖生长造成影响，在不考虑水肥条件差异的前提下，光照弱将会使得黑果枸杞枝条生长旺盛，徒长枝增多，叶片变大；在光照强烈同时伴有干旱胁迫的情况下，黑果枸杞植株整体生长变缓；因此建园时要保证年均日照时数大于2 300 h。建园时可以在防风林下穿插栽植，但不作为主要产果株。黑果枸杞对土壤的要求并不严格，在格尔木地区，黑果枸杞在土壤全盐量达 12.16% 的盐化荒漠上能生长；在青海诺木洪地区，30 cm 土层以下具有 20~30 cm 坚硬盐结核的荒漠盐土上，可形成大面积的黑果枸杞灌丛。黑果枸杞耐干旱耐盐碱性强，适宜在土壤含盐量在 3‰ 以下的沙土、轻壤土和中壤土栽培，但盐碱过大的地块栽培，会使植株生长不良，产量受影响。综上种植黑果枸杞适宜在土壤 pH 值为 6.5~8.5，可溶性盐含量不大于 3 g/kg，有效活土层在 30 cm 以上的沙壤土、轻壤土和中壤土。黑果枸杞果实属浆果类，表皮薄，含水分多，在通风不良的条件下，空气含水量过高时，果实表面会产生灰褐色斑点，果实逐渐失水干扁。因此，新建黑果枸杞园最好选择地势平坦，通风性较好，光照强度稍高的具备一定水肥条件的区域。

7.2 区划设计

黑果枸杞园区规划要根据生产规模和地块形状进行科学安排。为了便于黑果枸杞园的耕作、灌溉、施肥、喷药、采摘及运输等各项生产管理工作，遵照未来黑果枸杞作为商品产业化发展的原则，注重长期性，并将机械化作业考虑进去，所以大面积新建黑果枸杞园必须进行严格的园地规划。应选择在排灌畅通、运输方便的地块上建园。

（1）排灌系统

黑果枸杞耐干旱、耐盐碱，以经济效益为主大面积栽培时，既离不开灌溉又见不得水多，黑果枸杞需要经常灌溉，但又不能使园区积水，因此，园区要有灌溉渠，也需要排水沟。

（2）道路

大面积定植的黑果枸杞园，要根据地块形状科学划分种植区，各种植区间以道路和沟渠分隔开，具体可根据地形做相应调整。每个种植区都需要有能通行车辆和小型农机具的道路，以便进行灌溉、运肥、防虫喷药、果实采摘等田间作业。一般道路可设置为 3~6 m。

（3）小区

大面积新建黑果枸杞园时，为了便于园区管理，对于种植区大的，根据地形地势条件，作埂划分成若干小区，小区一般以 1 亩以内大小为宜，既容易平整，也有利于灌溉。小区设计要给机械操作留足空间，为提高土地利用率，通常利用小区两端。新规划的定植园应在上年秋天施足底肥，深翻耙糖，灌好冬水，有助于新栽苗木的成活和健壮生长。

（4）林带

新建黑果枸杞园时，还要考虑当地的风沙情况，在风沙危害强的地区，必须栽植林带，否则黑果枸杞生长会受到风沙的危害，特别是在春季干旱易风的地方。因此，在规划大面积新建枸杞园时，应设置防护林带。防护林带分为主林带和副林带，主林带一般根据新建园区位置确定方向，副林带是主林带的辅助林带，与主林带相垂直。防风固沙林应选用生长稳定性高、寿命长、不易得病感染虫害并同黑果枸杞有相同的病虫害或中间寄主的树种；优先栽植乡土树种，并选用直根系树种为主，减少地下根系间对水分、有效物质的竞争，降低彼此之间的互相影响程度。根据条件，可以栽植乔木灌木混交型防护林。栽植防护林时，结合园地通风性要求，根据选用树种的不同，在不浪费园地面积的前提下，在距离园地一定距离上栽植防护林，一般距离为黑果枸杞壮林平均树高的 2~6 倍，副林带间距可一定程度加大。建园一定时间后，可以根据实际情况对防护林采取一定程度的补植补造、合理间伐和修枝等措施对疏密度进行调整。

7.3　土地整理

黑果枸杞耐盐碱、抗干旱，种植黑果枸杞不与基本农田争地，所以建黑果枸杞园的土地选择面较宽，沙荒地、盐碱地均可栽种，但必须设置灌溉与排水通畅的灌水渠和排水沟，并营造乔灌木混栽的防护林带。

黑果枸杞是多年生的早果植物，所以栽种黑果枸杞苗的土地要按照园艺作物的建园要求，先进行平整土地，每地条高差在 10 cm 以内，再按每亩分地块作好小畦，畦面高差在 5 cm 以内。

开挖定植沟以南北向为好，宽 80 cm、深 60 cm。开沟时间最好在前一年的秋末冬初开始深翻土壤，使土壤充分熟化，然后按一定的株行距挖定植穴，开沟时要将表土与底土分别放置，翌年春季定植。

施肥及回填，定植沟挖好后施优质农家肥、磷酸二铵等，施肥时把表土与肥料充分拌匀后回填沟底，填不满时可把底土填在上面，与地面持平。沟两边起埂，然后浇透水，以备栽植（彩图 7-1）。

7.4　苗木定植

（1）品种选择

对全国各个种源的黑果枸杞在同条件下种植后发现，各个地区在适宜的种源上存在差异，根据种源选择黑果枸杞开展栽植，其中会出现不结果现象。因此在黑果枸杞建园时，苗木应选择无性繁殖的具有一定特性的良种苗木。依据《黑果枸杞育苗技术规程》（DB15/T 1289—2017）中的苗木分级标准，使用的苗木要大规格、主侧根发达、根系较完整、无病虫害，并且规格地径在 0.25~0.4 cm，苗高 30~45 cm 的苗木。多个黑果枸杞主产区均采用选择育种的方法，在各自省份黑果枸杞天然分布区内大范围选取收集黑果枸杞优良单株，根据相关选育目的，经过单株选优后，无性扩繁出相应的黑果枸杞优良无性系。2018 年，阿拉善盟林木良种繁育中心选育的'居延黑杞 1 号'其果粒大、单株产量高、耐盐碱能力强。适宜在内蒙古温带中纬度干旱、少雨的荒漠地区栽植。青海大学农林科学院以丰产和便于采摘为目的选育出'青黑杞 1 号'，该品种产量比常规实生苗栽培种高出 30% 以上，适宜在青海柴达木地区，海拔 3 000 m 以下，10℃有效积温大于 1 500℃ 的区域栽培。2014 年新疆林业科学院选育的栽培品种'黑杞一号'为大果、丰产型黑果枸杞品种；2008 年由宁夏农林科学院枸杞工程技术研究所培育的'黑果枸杞无性系 1 号'则是高产、抗逆的良种。以上多个良种在建园时可以优先选用，从品种使用源头开始提升质量和产量。此外，注重果实外部性状，胡相伟、马彦军等多位学者通过研究和观察，发现黑果枸杞果实在外部形态中会发生变形，多划分为"圆球形"和"扁球形"，市场上比较认可"圆球形"，应予以选择保留；从叶型上分有丛形细长叶片和厚扁稀疏叶片，以保留厚扁稀疏叶片植株较好，利于果实充分接受光照，增加花青素含量；从枝干上分软质细密型和硬质粗硬型，应选择保留硬质粗硬枝，利于形成能够直立不倒伏的果树状栽培效果，不用人为支撑扶枝，亦可形成不倒伏、不烂果的栽培效果。

（2）定植时间

黑果枸杞定植时间春季和秋季均可，一般以春季定植为好，春季土壤刚刚解冻，黑果枸杞尚未萌芽，栽植成活率最高，一般春季在 3 月下旬到 4 月下旬，秋季为 10 月下旬至土壤上冻前。

（3）栽植密度

新建黑果枸杞园的株行距配置需要考虑以下 3 点。第一，每亩需要固定的株数，保证一定的产量；第二，便于管理，实行机械化作业；第三，合理利用光能条件，充分发挥土地的作用；因此新建黑果枸杞园应在充分满足黑果枸杞生长需求的情况下合理密植。常规情况下，行距为 2 m 或 3 m 进行开沟，株距为 1 m 或 2 m 进行了挖坑，坑直径为 30 cm，深度为 40 cm，每穴 1 株；采用集约化管理时，可采用行距为 0.5~1 m 进行开沟，株距为 1 m 或 1.5 m 进行了挖坑，坑直径为 30 cm，深度为 40 cm，每穴 1 株；大面积种植且机械化程度较大的园地内，采用"三行一带"或"两行一带"模式，行间距采用 1 m，株距为 1 m 或 2 m，带宽 6 m 规格进行栽植。每坑施加有机肥 1.5~2 kg。栽培方向可采用"南北方向，长方形配置"或三角形方式（大量使用机械设备时不建议使用此种定植方式）；用以增加黑果枸杞园的透光度，利于增加黑果枸杞的产量。

（4）栽植方法

栽植前，按照规定的株行距定点挖穴。穴径和穴深根据苗木根系大小而定。一般穴径 40 cm，穴深 30 cm 即可，施入少量经腐熟的有机肥，和土壤充分拌匀。

栽植时，要做到苗木端正，根系舒展，细湿土埋根，分层覆土，在幼苗的根部放置一些熟土盖住肥料，以免烧根。适当深栽（覆土超过原土印 1~2 cm），压紧，使根系与土壤紧密接触。即遵守"三埋两踏一提苗"的栽植要求。

栽植后，采取沟灌方式浇足水分，待水渗干后，覆 10 cm 沙土踩实，以利保墒（彩图 7-2 至彩图 7-4）。

8 管理

　　黑果枸杞以其自身的耐寒、耐旱、耐高温、耐盐碱的特性，能够在极端恶劣条件下生存，在防风固沙、保持生态平衡方面发挥重要作用。近年来，随着黑果枸杞的药用和食用价值的挖掘，野生黑果枸杞迅猛进入保健品开发领域，经济价值不断提升，从而导致了资源掠夺性采摘，造成生态环境被严重破坏，为了应对市场需求，多地区实施资源的人工规模化栽培，是切实保护生态环境和大幅提高资源实际生产能力的主要途径。因此，在对黑果枸杞进行全面研究分析的同时，应分析存在的问题，提出发展对策及管理措施，以期为黑果枸杞推广应用、产业发展及可持续利用提供科学依据和技术支撑。

8.1　灌水

　　水肥管理是黑果枸杞园管理的主要措施，合理有效施肥是保证黑果枸杞植株正常生产发育和增强树势的必要条件。在灌水和施肥时，必须结合黑果枸杞需肥规律、区域土壤条件、植株生长状况，以及周围环境条件，施肥时应该以有机肥为基础，氮肥、磷肥和钾肥选择符合植株需肥规律的用量和比例，加之合理有效的施肥方法。为了降低肥料内病菌和害虫数量，使用有机肥料前一定要经过熟化处理。黑果枸杞的灌溉可以选择滴灌或者沟灌。灌水时间也要严格控制，一般选择在上午温度升高前或者傍晚降温后灌水，不宜在正午高温时段灌水，尽量避免对枸杞根部土壤温度的影响，提高灌水后土壤的通透性。

　　黑果枸杞灌溉方法多分为2种：漫灌，技术含量低，需要使用的设备和资金少，同时受定植方式限制程度小；可以在田间不做任何沟埂，灌水时任其在地面漫流，借重力作用浸润土壤，是比较粗放的灌水方法。按其湿润土壤方式的不同，可分为畦灌、沟灌、淹灌和漫灌。植物在畦和垄沟中排成行或在苗床上生长，水沿着渠道进入农田，顺着垄沟或苗床边沿流入。也可以在园地中用硬塑料管或铝管直接灌溉。但此种方式会浪费水资源，同时需使用大量人力及耗费时间长，并易造成土壤盐碱化。滴灌，使用低压管道以及分布在作物根部地面或埋入土壤内的滴头，将通过管道系统运过来的水一滴滴地、经常而缓慢地湿润根系附近局部土层，使植物根系生长层内土壤经常保持适宜的土壤水分状况的一种先进的灌水方法。滴灌可以有效地控制灌水量，使得土壤保持良好的透气性，并且可以随水加入肥料，既灌水又施肥，一步完成，提高水资源利用率，比其他的灌溉方式省水，比沟灌、畦灌要省水 20%~50%，比喷灌省水 12%~30%；同时可以节省劳力、肥料，便于机械化作业。对土地平整要求不高，高地、坡地均能均匀灌水，避免了灌溉时大水流对土壤的冲刷，并阻止了杂草滋生。但是也存在设备造价较高，投资大，积聚下来的水中物质很容易阻塞管道和滴头，需要定期更换，增加成本。目前在黑果枸杞建园时建议使用此种灌溉方法。

8.2 施肥

制约黑果枸杞产量及品质的关键因素是土壤肥力，合理施氮、有效施磷、高效施钾是实现黑果枸杞高产优质生产的关键。研究表明，不同施肥浓度对黑果枸杞苗木的高径、叶片生长、叶绿素含量以及产量均有影响。黑果枸杞的结果期长，年年结果，养分消耗多，充足的肥水能够促进果实生长和优化果实的品质。

黑果枸杞的施肥方法分为基肥和追肥，基肥于秋季落叶后、土壤上冻前施入，追肥在生长过程中施入。黑果枸杞基肥的施法，主要为轮环状沟施、半环状沟施和条状沟施等 3 种。基肥的施入时间是冬灌前，基肥的主要成分是有机肥。新栽植时，施肥肥料不能与根系直接接触。幼龄树时，采用的施肥方法是在树冠外缘的行、株间的两边各挖一条深 20~30 cm 的长方形或月牙形小沟施肥。成年的大树主要采用在树冠外缘 40 cm 深的环状沟内施肥。施肥沟挖好后，把基肥施入，均匀摊在沟内，与土拌匀，上面再填土覆盖。根部追肥，一般采用穴施或沟施，即在树冠边缘下方，用锹铲 3~4 个穴或在树冠两边挖 20 cm 深的施肥沟，把速效性氮、钾肥或氮磷钾复合肥施入，再覆盖。施肥后接着灌水，使根系早日吸收肥料。磷肥（过磷酸钙、骨粉等）易同土壤中的铁、钙化合成不溶性的磷化物被固定在土中，它不易被根系吸收。因此，对于磷肥宜在枸杞需肥前及时施入，或者把它掺在有机肥中施入，借助有机肥中的有机酸来加大其溶解度，便于根系吸收。

追肥可在生长季节的 5 月和 6 月进行，以氮磷钾速效肥为主。前期以氮肥为主，后期以氮磷钾复合为主，高温时应减少氮肥用量，避免肥害。第一次追肥的时间是春梢旺盛期即 5 月中旬，第二次追肥的时间是进入盛花期即 6 月下旬或 7 月上旬，幼龄树每株一次施用的肥料是尿素或复合肥 50 g 左右。还可采用叶面追肥的方法进行，通过叶面被植株快速且直接地吸收到体内，此法简单易行，用肥最少，肥效快，可以高效地为植株提供需要的有效成分，并且一定程度上可以为根系吸收补充不足；增加黑果枸杞果实产量，并提高品质。在使用中，可以减少肥料中的有效成分因灌水、土壤矿物质等因素而流失，提高肥料的利用率，降低成本。有的肥料（尿素、磷酸二氢钾等）可同农药混用，节省劳力，降低成本。具体操作方法是将氮、磷、钾 3 元素肥料配成 0.5% 的水浸液，喷在树冠上。叶面喷肥的宜在晴天，且避免正午烈日时段，以减少叶面蒸发，便于叶面充分吸收；喷施叶面肥后，如遇到雨水，雨后可根据情况进行补施。雨天因雨水冲刷严重，不宜喷肥。在植株进入花果期时，喷施 1%～2% 的氮磷钾三元复合肥或用 0.3% 的磷酸二氢钾等。

黑果枸杞施肥注意事项如下。

黑果枸杞对氮、磷、钾 3 种元素需要量最多，各元素因其化学组分不同，对黑果枸杞产生的作用和影响也不同，因此在施肥过程中，根据不同元素特性，应采取相应措施。

氮是叶绿素合成的必需元素，是植物的生命元素。氮作为植物生长发育的关键营养元素，对植株的生长、光合作用和产量积累等都有一定的促进作用。同时，使用适量的氮肥，可以增加植物的抗逆性，对黑果枸杞来说，可以一定程度提升抗旱能力。当氮素充足时，黑果枸杞可合成较多的蛋白质，促进细胞的分裂和增长，使得叶面积增长快，枝条旺盛。在春季发芽前可使用少量氮肥，但不可过量，超量使用氮肥，会导致枝条徒长，果实不能正常成熟，易受霜霉危害，植株落叶早，枝条抗寒性差，且果实口感差，着色不匀，如经常用作根部施肥易使土壤板结。

磷在植物体中的含量仅次于氮和钾，一般在种子中含量较高。磷是植物体内核酸、蛋白质和酶等多种重要化合物的组成元素，能促进早期黑果枸杞根系的形成和生长，使茎枝坚韧、果实早熟，提高植物适应外界环境条件的能力，使其具有抗寒、抗旱能力。黑果枸杞主要的生长环境是碱性土壤，黑果枸杞属于主根系毛根不发达，开花结果期容易出现营养不良导致猝死。磷肥在黑果枸杞生长中占据着重要的位置。磷肥不足时树木生长缓慢，叶小、分枝或分蘖减少，花果小，成熟晚，下部叶片的叶脉间先黄化，而后呈现紫红色，缺磷时通常老叶先出现病症。

钾在植物代谢活跃的器官和组织中分布量较高，具有保证各种代谢过程的顺利进行、促进植物生长、增强抗病虫害和抗倒伏能力等功能。在黑果枸杞生长过程中，钾肥有促进果肉肥厚的作用，且能明显地提高植物对氮的吸收和利用，并很快转化为蛋白质。因此在6月开花期应多施钾肥，利于保花护果，提高果实品质。超量施用钾肥不但抑制了镁元素吸收，同时对磷元素吸收也产生抑制。在着色过程中，钙可以促进叶片制造的糖分向果粒运输，起到"增糖"的作用。镁和锌是植物体中多种酶的活化剂，对黑果枸杞果皮转色有重要作用。由于黑果枸杞对锌的吸收量很少，对镁的吸收量相对较大，因此镁是黑果枸杞着色的关键。

8.3　整形修剪

天然黑果枸杞林枝条茂密、重叠，营养物质多被叶片枝条等营养器官吸收，在开花结实等繁殖生长上分配的生物量较少，导致果实产量不高且不稳定。光照和通风不良，不便于果实采收、疏花疏果和病虫害防治。为提高黑果枸杞产量，整形修剪是黑果枸杞产业化发展管理措施中最为关键的技术措施。整形修剪是通过剪截改变黑果枸杞地上部分枝条、芽的数量、位置、植株的姿态等，在整形的基础上保持优良树形和更新结果枝，通过人为干预调整生长同产果的比例关系，培养丰产树型，为早产、优质、高产、高效和便于管理的不同栽植目的服务。合理开展修剪，可以培养牢固的树冠骨架，增强黑果枸杞植株的负荷能力；通过从幼年持续的干预，可以构建合理的个体和群体架构，改善园区通风透光条件；更加合理地利用和调节植株体内的水分和养分，提高黑果枸杞生理活性；可以平衡地上部分和地下部分、生长同结果、老化和更新的关系。耿生莲等研究表明，整形修剪能够使黑果枸杞短结果枝比例增大，结果枝分布均匀，且修剪时保留丛生数5枚，短结果枝比例最大，产量明显提高且品质较好。整形修剪依据树龄分为幼龄期整形和成龄期管理两类。其中黑果枸杞幼龄期为4年，主要的修剪目的是在促进结果枝数量的基础上修整树形；成龄期管理则是在确保一定结实率的前提下尽可能地提升产量并提升采收速率、降低采收成本。

幼龄树主要采用的是整形，黑果枸杞实生苗幼苗枝条以基生为主，没有明显的主干，随着植株枝条的增多和生长，必须提高植株垂直方向的空间利用率，以提高生物产量；无性繁殖苗木有明显主干，在整形修剪中主要围绕促进结果枝萌芽生长为主。为形成以主干为中心直立的黑果枸杞植株，栽植后首先在黑果枸杞旁侧搭支撑杆，以此支撑幼嫩苗并一定程度上通过人工固定干预使黑果枸杞主干直立生长，起到塑形效果，便于后期修剪以主干为中心，向四周大量生长多级结果枝。为消除顶端优势现象，可一定程度上对黑果枸杞进行"打顶"，达到增产和控制株型的目的。要注意打顶时间，过早地去除新梢，将导致新枝条萌生过早，使得生物量积累多用于营养生长，从而导致果实不能完全成熟，并一定程度上加大后期整形树形。打顶时间可以控制在第二次采摘果后，一方面增加通风并促进新的结果枝萌发，另一方面可以一定程度上减少黑果枸杞对营养物质的消耗。

栽植后1~4年的幼树在春季发芽后，以主干距地面30~40 cm作为分枝带，下面的萌芽全部剪除，促进主干的生长；在距离主干10~15 cm处插竹竿等直立的支撑杆，并将主干20~25 cm处为节点绑在支撑杆上，捆绑以固定主干为目的，不能过紧，给植株径生长留有充分的空间。在主干上选留5~7枝条，予以保留培养主枝。各主枝选留位置要互相错开，避免顶对而使主干"掐脖"。生长季节及时抹除分枝带以下萌芽，在分枝带以上适当位置选留侧枝，保留基部20~30 cm进行短截，以促其萌发二次结果枝，对侧枝上生长的向上壮枝选留不同方向的2~3条，留30 cm短截，以促发结果分枝，并在主干50~60 cm处截顶定干。秋季9月重点剪除着生于植株主干、基茎以及冠层内的所有徒长枝。通过栽后3~4年的修剪培养，即可形成丰产的半圆树形。

　　成年树要在叶片全面凋落以后到春季萌芽以前，将根部萌蘖生长的徒长枝清除，并及时将枝条运出园区。管理则采用修剪和平茬2种方法，通过人为管理开展树冠的充实、调整工作。对于已经结果的成龄树，整形修剪一般于2月下旬至3月上旬发芽前以及生长季节的4月底到5月上旬和6—7月进行，主要目的是巩固树形、控制顶端优势，不断实现结果枝更新，平衡营养生长和结果的关系。包括一是剪除树体上着生的徒长枝、病虫枝、过密枝、衰老枝以及需要更新的结果枝；二是需要选留树冠中1~2年生分布合理、生长健壮的结果枝；三是对树冠中部和上部生长健壮的结果枝和中间枝进行适当短截，为下一年培养新的结果枝。春季4—5月，主要是抹芽和剪除结果枝顶部风干的干枯枝，夏季6—7月主要是剪除徒长枝，并对二次枝和中间枝进行摘心。因黑果枸杞为无限花序且结果枝多为新一年的新梢，利用黑果枸杞繁殖生长的特性，可在树体成年后，不采用任何修剪管理，在开展采摘时以平茬的方式将枝条剪除，在完成管理的同时减少采摘工序。

8.4　其他管理

8.4.1　合理间作

　　黑果枸杞定植最初的几年，由于树冠较小，行间空地面积大，可以间作部分适宜在建园区生长的中草药、矮秆经济作物、根茎类蔬菜等。间种作物应离树冠投影0.5 m以上。这样一方面可以经济利用土地，增加收入，另一方面通过对间作作物的管理兼管黑果枸杞，减少管理的人工和费用。

　　间作年限：根据黑果枸杞的生长习性，管理良好、生长不受影响的黑果枸杞园行间可种2~3年，如行间距大，间种时间可适当延长。4~5年，新建园成园后，树冠增大，则不宜再进行间种。

　　间种面积：新建园行间利用面积随树冠的增加而逐年减小。第1年的利用面积大概在50%~60%，第2年在40%~50%，第3年后依黑果枸杞生长状况和树冠的情况具体而定，如生长状况好，冠幅大，利用面积就很小，以不影响黑果枸杞生长发育为宜。

　　间作作物：定植当年，由于黑果枸杞植株小，需水量很少，因此可以间作一定量的中药材，中药材一般在生长前期和后期需水量较少，生长繁育

中期需水量较多，其中可以选择抗旱力强的甘草、黄芪等在其中间作。第
2~3年，随着黑果枸杞长大、需水量的增加，间种作物选择以需水量较多的
蔬菜类为宜，还可以间种豆类作物，利用豆类的根瘤菌，提高土壤含氮量，
增加土壤肥力。

8.4.2 园地翻晒

园地翻晒主要分为春季浅翻和秋季深翻2种方式。春季浅翻可保墒、提
高地温，同时通过暴晒消灭杂草。秋季园区土壤因开展采摘活动，土壤被机
械重压、人为踩踏后出现僵、硬现象。通过深翻，疏松土壤，改善土壤的透
气性，促进根系生长，更好地吸收营养，保障黑果枸杞植株的良好生长，同
时将脱落的老叶暴晒，翻入土壤，翻地深度20~25 cm。注意树盘范围内要
适当浅翻，以免伤根引起根腐病发生。

8.4.3 中耕除草

中耕除草一般在5—8月上旬进行，中耕深度5~10 cm；一般除草跟随
在灌水之后，这样在除草的同时，一定程度上起到翻地的作用，可以一定程
度上改善土壤的通气性，促进黑果枸杞生长。

8.5 采收加工

黑果枸杞定植后的头年可结果，但结实量较小，实际第2年可开始规模
化采收。在宁夏、内蒙古阿拉善等地每年可采摘4~5批次。黑果枸杞的果
实皮薄，果柄短，果柄与果实连接紧密。黑果枸杞果实由绿色出现黑紫色开
始的8~13 d，果实果径快速增长，果实完全呈黑紫色后，并且轻微用力可
将果柄同枝条断开时即可采摘，采摘时间宜在芒种和秋分间，此阶段分为2
个集中的采摘段，6—8月为第一阶段，温度适宜，果实饱满且颜色深，品
质好，全年产果集中在此阶段；平均5~7 d可以采摘1次；9—10月初为第
二阶段，温度下降后，产量相对低，品质相对差；平均8~12 d可以采摘1
次。果实表面全黑、失水、皮皱，果实内花青素含量最高，果实采收硬度适

中，容易采收。野生黑果枸杞的采摘以保护生态环境为主，宜采用剪粒法。采摘时，可采用剪子剪掉果柄的方式，即用小剪子剪掉果柄，用小盒子或者小容器进行接收，既避免了棘刺扎手，也减少了果实的破损率，保证了果实的干果质量，增加了干果的商品性。此外有研究表明，在一定的温度区间内，采收前的最低气温平均值高低、温差大小会对黑果枸杞果实中花青素和原花青素含量具有显著关系，建议应避免在高温条件下采收黑果枸杞，即避开中午时段，选择温度较低的早晨和傍晚。

黑果枸杞果实为浆果，水分含量高，易腐烂，不易保存和运输，干燥处理是现今黑果枸杞加工贮藏利用的重要方式。黑果枸杞经干燥处理后，果实颜色发生变化，存在活性成分损失的问题。干燥后果实中原花青素含量同鲜果相比，含量降低。所以在此基础上，黑果枸杞制干方法的选用很大程度上会对黑果枸杞品质产生影响。现今黑果枸杞果实制干多以晾晒为主，不可以暴晒，暴晒会破坏果实中的原花青素。黑果枸杞枝干中，先置于通风阴凉的地方阴干至含水量低于30%，然后轻柔地翻动并将有破损的果实去除。当果实水分含量小于13%时，去除果柄及其他杂质，依据果径进行分级后包装，一般每5 kg黑果枸杞的鲜果可晒出0.5 kg的黑果干果。

黑果枸杞的干燥处理有传统的自然晾晒和热风烘干2种方式，为保证果实的营养成分保留多采取自然晾晒的方法。采用自然晾晒处理，操作程序简单易行且成本低，但是易受天气因素的影响，同时受场地限制；干燥用时长，而且果实直接暴露于外界环境，卫生条件差，有发霉变质和受虫蛀的问题存在，干果品质一定程度会被影响。在此基础上对自然晾晒法进行一定程度优化，用简易温室或透明钢结构凉棚进行晾晒，一是过滤过多的紫外线，二是防雨，三是防灰尘，四是相比加热晾晒成本低。因此，近年来规模种植户都采用多层晾晒床在温室内晾晒，温室搭设遮光网，打造避光条件，等70%水分散失后就可以除去枝条和树叶，再进行多层架晾晒。值得注意的是在带枝晾晒阶段应注意晾晒床不宜过厚，同时注意不要翻动，等到果实水分散失到70%以后再去抖落较好，否则果实易破裂流汁，失去营养价值，果实卖相也差，抖落后及时筛去枝叶和杂质，利于果实水分进一步散失成为商品干果。随着需求的变化和科技进步，现今也有使用冷冻干燥技术对黑果枸杞进行干燥处理的方式，有学者研究发现冷冻干燥处理后果实含水量较自然晒干和热风烘干低，更有利于贮藏。经过不同方式干燥的黑果枸杞在口感、外部性状、有效成分含量以及花青素等抗氧化活性均存在差异。黑果枸杞鲜果经过干燥处理后，性状均发生变化，其中阴干处理后黑果枸杞为紫黑色，和鲜果差异不大，手感较柔软，易研磨，阴干处理可较好地保持黑果枸杞果实的色泽；晒干处理后，果实颜色变淡，近乎深褐色，果实手感偏硬，较易研磨；烘干处理时，40℃和60℃的颜色和晒干的黑果枸杞颜色相似，比鲜果和阴干的果实淡，中空，脆易碎；80℃和100℃处理后，果实颜色呈红褐色，水分大量流失，果实较硬，需敲碎后进行研磨；即随着温度的升高，果实颜色变化程度越大，果实性状发生变化。在具体选用干燥方法时根据使用需要，将贮藏时间、外部性状、口感适用度、成本等综合考虑后进行选择（彩图8-1）。

9 有害生物及防治

9.1 主要虫害

9.1.1 花器、果实害虫

9.1.1.1 枸杞红瘿蚊

枸杞红瘿蚊（*Gephraulus lycantha* Jiao & Kolesik），又称枸杞花桥瘿蚊，俗称花苞虫，属双翅目瘿蚊科害虫。

（1）形态特征

成虫体长 2~2.5 mm，黑红色，形似小蚊子。触角 16 节，串珠状；复眼黑色，在头顶部相接。体表生有黑色微毛。前翅 1 对，且发达，翅脉 4 条，被细毛，后翅退化为平衡棒。各足第 1 跗节最短，第 2 跗节最长，爪钩 1 对。卵长 0.3 mm，近无色而透明，常 10 多粒聚集于花蕾顶端内。幼虫似小蛆，扁圆形，体长 2.5 mm 左右，腹节两侧各有 1 微突，上生 1 根刚毛。初孵时白色，后变为淡橘红色。蛹体长 2 mm，黑红色，头顶有尖齿，齿后有 1 根长刚毛。

（2）危害症状

成虫将卵产于枸杞幼嫩花蕾，卵孵化后以幼虫取食子房，使花蕾呈盘状畸形虫瘿，虫瘿内幼虫有数十头至百余头，致使花蕾不能正常开花结实，最后干枯早落。红瘿蚊世代发育，分土壤中和花蕾、果实内 2 个阶段，极难防治，当发现危害时已无法补救，影响极为严重，危害率等于损失率，故被喻为"枸杞癌症"。

（3）发生规律

枸杞瘿蚊每年发生 3~4 代，以老熟幼虫在土内结茧越冬。翌年春季化蛹，4 月中旬成虫开始羽化，成虫羽化后交配、产卵。产卵时雌成虫将产卵管插入幼蕾，卵产于其中，常多粒集于幼蕾顶端内，后孵化为幼虫，在花蕾的子房周围取食，使花器呈盘状畸形虫瘿而不能发育成果实。每虫瘿有幼虫数十头至百余头，虫瘿最后干枯落于地面。该虫世代重叠，在黑果枸杞整个生长发育期，均可见到各个虫态，10月上旬以末代老熟幼虫入土3~5 cm处结茧越冬。

（4）防治方法

①控制虫源。秋季进行土壤处理，黑果枸杞落叶后，冻水灌溉前，结合整地，进行土壤深翻，将越冬虫茧深埋地下的枸杞红瘿蚊破土羽化或将老熟幼虫暴露于土表。

②人工防治。5月中下旬发现少量虫果时候，可组织人力进行摘除，结合修剪剪去带有虫果的枝条，集中烧毁或深埋。

③药剂防治。4月中旬成虫出土前，每公顷用50%辛硫磷乳油2 L，拌细沙土450 kg，配成毒沙，撒施树冠下，用钉齿耙纵横交叉耙2遍，使药剂均匀混入3~5 cm土层内，杀灭蛹和成虫。

④天敌防治。枸杞红瘿蚊的天敌为齿腿长尾小蜂，属寄生蜂，能够大量控制虫果内的幼虫，被天敌寄生后的虫果会逐渐枯萎，里面的红瘿蚊幼虫也会被天敌捕食而不能落土化蛹。应重视对该天敌的保护，在天敌数量多时少用或不用广谱性化学农药。

9.1.1.2　粟缘蝽

粟缘蝽（*Liorhyssus hyalinus* Fabricius），又名粟小缘蝽，俗称天狗蝇，属半翅目缘蝽科害虫。

（1）形态特征

成虫：成虫体长6~7 mm，草黄色，密被浅色细毛。头顶、前胸背板和小盾片具黑色斑纹，触角和足常具黑色小点。腹部背面黑色，第5背板中央有1块卵形黄斑，两侧各具1块小黄斑；第6背板中央有1条黄色纹，后缘两侧和第7背板端部中央及两侧黄色。前翅超出腹末。

卵：卵长0.8 mm，宽0.4 mm，肾形，卵盖椭圆形，布满小突起，其中央微凸，近端部中央具2个白色疣突。每10余粒卵聚产一块。初产时暗红色，近孵化时黑紫色。

若虫：若虫初孵若虫暗红色，长椭圆形，触角棒状，4节，前胸背板较小，腹部圆大。5~6 龄时，体形似成虫，灰绿色。触角 4 节，头近三角形。翅芽显著。腹末背面紫红色。

（2）危害症状

主要为害黑果枸杞果实，成、若虫聚集在黑果枸杞的果实、叶片上，吸食汁液，影响果实的质量和产量。

（3）发生规律

一年发生 2~3 代，以成虫潜伏在杂草丛中、树皮缝、墙缝等处越冬。翌年 4 月下旬开始活动，先为害杂草或蔬菜，5—6 月转向谷子和高粱田为害，7 月间春谷抽穗后转移到谷穗上产卵，每雌虫产卵 40~60 粒。卵期 3~5 d，若虫期 10~15 d，共 6 龄。2~3 代则产在夏谷和高粱穗上。粟缘蝽田间发生不整齐，以 7 月上旬至 9 月上旬为盛发期。成虫活动遇惊扰时迅速起飞，无风的天气喜在穗外向阳处活动，受惊即钻入穗内。粟缘蝽食性杂，一生可转换几种寄主。

（4）防治方法

①控制虫源。春季清园，清理枯枝落叶及杂草，根据成虫的越冬场所，在翌春恢复活动前，人工进行捕捉，能够很好地降低虫量。

②药剂防治。成虫发生期用 50% 马拉硫磷乳油 1 000 倍液，或 50% 杀螟丹可湿性粉剂 1 500 倍液，或 20% 甲氰菊酯乳油 3 000~4 000 倍液，或 2.5% 溴氰菊酯乳油 2 000 倍液等药剂喷雾防治。

9.1.2 食叶害虫

9.1.2.1 枸杞负泥虫

枸杞负泥虫（*Lema decempunctata* Gebler），又称十点叶甲、金花虫，俗称稀屎蜜、肉蛋虫，属鞘翅目叶甲科害虫。

（1）形态特征

成虫体长 4.5~5.8 mm，宽 2.2~2.8 mm，头胸狭长，头、触角、前胸、背板、体腹面（除腹部两侧和末端红褐色）、小盾片蓝黑色。头部有粗密刻点，头顶平坦，中央具纵沟 1 条，触角粗壮，复眼大突出于两侧。前胸背板近方形，两侧中央稍收缩，表面较平，无横沟。小盾片舌形，刻点每行 4~6 个。鞘翅黄褐色至红褐色，每个鞘翅上有近圆形黑斑 5 个，肩胛 1 个，中部前后各 2 个，斑点常有变异，有的全部消失。足黄褐色至红褐色或黑色。卵长圆形，橙黄色。常 10 余粒在一起排成"人"字形。幼虫体长 7 mm，灰黄色，头黑色，反光，前胸背板黑色，中间分离。腹部各节背面有细毛 2 横列，腹部各节的腹面具吸盘 1 对，可与叶面紧贴。胸足 3 对。蛹浅黄色，体长 5 mm，腹端有刺毛 2 根。茧白色，卵圆形（彩图 9-1 至彩图 9-4）。

（2）危害症状

该虫为暴食性食叶害虫，成虫、幼虫均取食为害黑果枸杞的叶片，造成缺刻或孔洞。受害轻者叶片被排泄物污染，影响生长和结果。受害严重时，枸杞负泥虫大量发生，全株叶片、嫩梢被取食光，仅留主脉，尤以幼虫为害严重。成虫常栖息在枝叶上，产卵于叶面或叶背，排成"人"字形。

（3）发生规律

一年发生 1~2 代，以成虫在土缝、石块下及枯枝落叶和杂草内越冬。翌年 4 月中旬枸杞发芽时，越冬成虫出蛰活动，并交配产卵，雌成虫将卵产于嫩叶上，5 月上旬幼虫陆续孵化，5 月底 6 月上旬老熟幼虫入土化蛹，6 月下旬 7 月初第一代成虫出现，并交配产卵，7 月下旬幼虫陆续孵化，8 月中下旬幼虫老熟入土化蛹，8 月底 9 月初渐次羽化为成虫，成虫一直为害到 10 月上中旬，后陆续越冬。成虫极活泼，善跳跃，常食叶、花器成孔洞和缺刻；成虫还有假死习性，稍被触动，即落地装死，片刻恢复活动。

（4）防治方法

①控制虫源。春季清园，清理枯枝落叶及杂草，降低越冬虫口数量。

②药剂防治。用 2.5% 的高效氯氟氰菊酯 2 500 倍液或 1.8% 的阿维菌素 3 000 倍液喷雾防治。幼虫时期可以使用 1.3% 苦烟乳油 1 000 倍或 1.8% 阿维菌素 1 000 倍进行喷洒。

③天敌防治。枸杞负泥虫的天敌有负泥虫优茧蜂、瓢虫、草蛉、食蚜蝇等，在天敌数量多时少用或不用广谱性化学农药，注意保护天敌，或适量投放天敌防治。

9.1.2.2 枸杞卷梢蛾

枸杞卷梢蛾（*Rhyacionia* sp.），又名枸杞小卷蛾、枸杞梢卷蛾，俗称缀叶卷梢蛾、卷梢虫、缀叶虫等，属于鳞翅目卷蛾科害虫。

（1）形态特征

成虫体长6 mm，翅展12 mm左右，紫褐色。触角丝状，黑白相间，长及腹端。翅狭长，翅面布有数个黑褐色小斑。幼虫体长9 mm，灰黄色。头黑褐色，前盾板黑色，前、中胸及后胸后缘紫褐色。臀板灰褐色，中线色淡。蛹体长4 mm，赤褐色，背面有刻点，体侧布有微粒。翅芽及触角长达腹部第5节（彩图9-5、彩图9-6）。

（2）危害症状

以幼虫缀叶卷梢，啃食新叶和生长点，使嫩梢枯死，为害黑果枸杞。幼虫也蛀食花器和幼蕾，被害花蕾不能开花，或开花而不能结果实。

（3）发生规律

一年发生3~4代，以老熟幼虫在枯枝落叶中越冬。翌年春季化蛹，5月越冬代成虫出现，不久交配产卵，6月上旬第一代幼虫卷梢为害。幼虫性情活泼，一经触动即翻转弹跳吐丝下坠。6月下旬至7月上旬第一代成虫出现，7月下旬至8月上旬出现第二代成虫，8月下旬至9月初出现第三代成虫，此代成虫交配产卵后，孵出的幼虫为害到9月下旬老熟，即陆续越冬。

（4）防治方法

①控制虫源。春季清园，清理枯枝落叶及杂草，集中烧毁，消灭越冬蛹。

②药剂防治。幼虫发生初期，应用40%辛硫磷乳油1 000倍液，或1.45%捕快（阿维·吡虫啉）可湿性粉剂2 000倍液，或4.5%高效氯氰菊酯乳油2 500倍液均匀喷雾，间隔7~10 d喷1次，连续防治2~3次。

9.1.2.3　枸杞泉蝇

枸杞泉蝇（*Pegomya cunicularia* Rondoni），又名肖藜泉蝇、菠菜潜叶蝇，属于双翅目花蝇科害虫。

（1）形态特征

成虫体长5~6 mm，分浓色、淡色两型，全体背面灰黄色或灰褐色，有的具褐色纵条。头部几乎全为棕黄色，被淡黄色、黄白色粉，触角第一、第二节棕黄色，第三节黑色，芒近乎裸，仅具极短纤毛。胸部黑色，密被黄灰色粉，暗纵条不明显。小盾片中央无毛。翅无色，透明，翅前鬃短细。腹部雄性圆筒形，雌性稍扁平，密被灰黄色粉。足股节、胫节黄色，跗节黑色，前足股节背面常带棕色。卵为长卵形，长不足 1 mm，白色，无光泽，表面具不规则六角形刻纹。幼虫老熟幼虫污黄色，长 7.5 mm，前气门有分岔 7~11 个，多为 8 个，腹部末端具肉质突起 7 个。蛹为围蛹，长 4.5~5 mm，黄褐色或黑褐色。

（2）危害症状

成虫将卵产于叶片表面，以幼虫蝇蛆潜入叶内取食叶肉，留下表皮，形成块状隧道，内留虫粪。潜斑不规则形，初呈黄白色，后变黑褐色，但叶背并不显斑痕。破坏叶绿素造成叶片缺绿，影响光合作用，造成减产。

（3）发生规律

一年发生 3~4 代，以蛹在土中滞育越冬。翌年春季羽化为成虫，不久交配产卵，卵多产于叶背，4~5 粒排成扇状，幼虫孵出后即钻入叶肉，一般钻入叶内需 10 多个小时。成虫一般不在已受害的植株上产卵，幼虫也不愿在已有隧道的叶表钻入，另找健康叶为害。8 月中上旬为害，下旬幼虫老熟后，在潜斑下端开孔爬出掉到地面入土化蛹。9 月上旬成虫羽化，同时还有幼虫为害。

（4）防治方法

①强壮树势。应在上年秋季施农家肥，强壮树势可减少受害。苗期追肥，加速植株生长，缩短受害时间，也可减轻为害。

②药剂防治。卵盛期幼虫初孵为害时，用 10%吡虫啉可湿性粉剂 1 500 倍液，或 50%蝇蛆净（环丙氨嗪）可湿性粉剂 2 000 倍液，或 16%顺丰 3 号乳油 1 500 倍液均匀喷雾，采收前 10 d 停止用药。

9.1.3 刺吸害虫

9.1.3.1 枸杞木虱

枸杞木虱（*Bactericera gobica* Loginova），俗称黄疸，属同翅目木虱科害虫。

（1）形态特征

成虫形如小蝉，体长 3.75 mm，翅展 6 mm，全体黄褐色至黑褐色，具有橙黄色斑纹，复眼大，赤褐色。触角基节、末节黑色，其余黄色，末节尖端有毛。额前有乳头状颊突 1 对。前胸背板黄褐色至黑褐色，小盾片黄褐色。翅透明，脉纹简单，黄褐色。腹部背面褐色，近基部有 1 条蜡白色横带，十分醒目，端部黄色，其余褐色。前足、中足腿节黑褐色，其余黄色，后足腿节略带黑色，余为黄色，胫节末端内侧有黑刺 2 个，外侧 1 个（彩图9-7、彩图9-8）。

卵长椭圆形，长 0.3 mm，橙黄色，卵上有 1 根细如丝的柄，固着在叶片上，好似草蛉卵，但柄较短，密布于叶上，有别于草蛉的卵。若虫也似介壳虫，扁平，固着于叶上。初孵化时黄色，背面有褐色斑 2 对，有的可见红色眼点，体缘有白色缨毛。末龄若虫体长 3 mm，宽 1.5 mm，翅芽显露覆盖在身体前半部。

（2）危害症状

其主要为害黑果枸杞叶片，成、若虫用口器刺入叶片背面组织内，吸食汁液，致使叶片枯黄，提早脱落，光合作用减弱，树势明显衰弱，影响黑果枸杞果实品质。下一年春季枝干枯，影响产量。成虫、若虫在取食的同时分泌蜜露，易引发煤污病。

（3）发生规律

1 年发生 3~4 代，以成虫在土层、枝干、落叶或墙缝处越冬，黑果枸杞植株枝条发芽时开始活动，卵淡黄色，丝状卵柄，多产在叶背或叶面。若、成虫刺吸汁液，5—10 月连续为害。

（4）防治方法

①加强检疫。严禁木虱随苗木的调运传入或传出。

②控制虫源。清理苗圃杂草或枯枝落叶，破坏木虱的越冬场所，降低越冬虫口基数。

③药剂防治。于 4 月下旬成虫出蛰活动盛期，及时喷洒 25%噻嗪酮乳油 1 000~1 500倍液，或2.5%联苯菊酯乳油2 500~3 000倍液，或 25%蚜虱绝（啶虫脒）乳油2 500倍液，或55%蚜虱净（吡虫啉）乳油2 000倍液，或24.5%爱福丁（阿维菌素）乳油2 500倍液喷雾，间隔10~15 d喷 1 次，连喷 2~3 次。

④天敌防治。枸杞木虱的天敌有枸杞木虱啮小蜂、瓢虫、草蛉、食蚜蝇

等，在天敌数量多时少用或不用广谱性化学农药，注意保护天敌，或适量投放天敌防治。

9.1.3.2　蚜虫

蚜虫（*Aphis* sp.），俗称蜜虫、腻虫、油旱、旱虫等，属于同翅目蚜科害虫。

（1）形态特征

成虫有翅胎生雌蚜体长 1.2~1.9 mm，黄色、浅绿色或深绿色，触角丝状，6 节，前胸背板黑色。翅膜质透明，翅痣灰黄色，前翅中脉分三叉。腹部背面两侧有黑斑 3~4 对，腹管暗黑色，圆筒形，表面有瓦状砌纹。无翅胎生雌蚜体长 1.5~1.9 mm，体黄色或绿色，全体被有薄白蜡粉。前胸背板两侧各有一个锥形小乳突，腹部背面几乎无斑纹，尾片乳头状，青色或黑色，两侧各有 3 根弯曲的毛。卵椭圆形，长 0.5~0.7 mm，初产时橙黄色，后变为漆黑色。无翅若蚜与无翅胎生雌蚜相似，体较小，尾片不如成虫突出，夏季为黄色或黄绿色，春秋季为蓝灰色，复眼红色。有翅若蚜夏季淡红色，秋季灰黄色，胸部发达两侧生有翅芽，腹部背面有白色圆斑 4 列。

（2）危害症状

成虫、若蚜密集在黑果枸杞嫩梢和叶片，以口器刺吸嫩叶、嫩枝、花蕾、幼果汁液，被害部位扭曲变形，致使植株矮小，叶片早落，同时分泌蜜露污染叶片，影响光合作用效率，破坏枸杞正常发育，严重影响黑果枸杞果实的品质。

（3）发生规律

1 年 10~30 个世代，世代重叠现象突出。以卵在枝条芽眼、枝干缝隙及粗糙面越冬，翌年 4 月下旬开始孵化，5 月初当黑果枸杞萌芽放叶时开始为害，5—6 月为第一个为害盛期，7—8 月炎热夏季时节虫口下降，之后又开始上升，为害一直持续到 10 月。

（4）防治方法

①控制虫源。春季清园，清理枯枝落叶及杂草，降低越冬虫口数量。

②黄板诱杀。使用黄色粘虫板诱杀有翅蚜，在黑果枸杞园内距地面 0.5 m 的高度悬挂，每 2 亩放置 1 块黄板。人工修剪或抹除带蚜虫的枝条。

③药剂防治。4月间于蚜虫发生初期和枸杞采收后，用25%唑蚜威乳油1 500~2 000倍液，或1.8%阿维菌素2 000~3 000倍液，或1.45%捕快（阿维·吡虫啉）可湿性粉剂1 000倍液，或4.5%高效氯氰菊酯乳油2 500倍液，或70%艾美乐（吡虫啉）水分散粒剂10 000倍液均匀喷雾。

④天敌防治。蚜虫的天敌有小花蝽、草蛉、瓢虫、蚜茧蜂、食蚜蝇等，在天敌数量多时少用或不用广谱性化学农药，注意保护天敌，或适量投放天敌防治。

9.1.4 地下害虫

黄地老虎

黄地老虎（*Agrotis segetum* Schiffermuller），俗称土蚕、地蚕、截虫、切根虫，属于鳞翅目夜蛾科害虫。

（1）形态特征

成虫体黄褐色或灰褐色，体长14~19 mm，翅展31~43 mm。触角雌蛾丝状，雄蛾双栉齿状，分枝长向端部渐短，约达触角2/3处，端部1/3处为丝状。前翅黄褐色，全部散布小黑点，各横线为双条曲线，但多不明显。肾形斑、环形斑及棒形斑都很明显，各具黑褐色边而中央充以暗褐色。后翅白色，前缘略带黄褐色。卵扁圆形，长0.46 mm，初产时乳白色，后显淡红色斑纹。幼虫体长35~45 mm，宽5~6 mm，黄色。头部脱裂线不呈倒"V"字形，无额沟。体表多皱纹，颗粒不明显。臀板上有2块黄褐色斑。腹节背面有2对毛片，后对略大于前对。蛹体长14~19 mm。第1~4腹节横沟不明显，第4腹节仅背面有少量刻点，第5~7腹节背面与侧面的刻点大小相同；气门下边也有1列刻点。

（2）危害症状

地老虎属鳞翅目夜蛾科害虫。地老虎1~2龄幼虫多群集于杂草和黑果枸杞幼苗的顶心嫩叶上取食，导致叶片缺刻或孔洞。3~4龄幼虫昼伏夜出，白天藏在浅土层，晚上出来为害近地面柔嫩茎干，常切断幼苗根茎部，严重时整株枸杞苗枯死，造成缺苗断行。

（3）发生规律

地老虎一年发生3代，以老熟幼虫在土壤中越冬，4月中下旬越冬幼虫陆续开始为害，以 5 月中上旬第一代幼虫为害最重，成虫于 10 月上旬出现，喜欢温暖潮湿的环境条件，地势低洼地及杂草丛生的黑果枸杞林地虫口密度大，白天潜伏于枯叶、杂草丛中，夜间活动，具趋光性和趋化性。成虫迁飞能力强，可远距离迁飞。成虫补充营养后 3~5 d 即交尾产卵。卵散产于杂草和幼苗上，也产于落叶上及土缝中。幼虫孵出后于 11 月中旬进入越冬。

（4）防治方法

①控制虫源。清除苗圃地及附近杂草并及时运出烧毁或沤肥，可消灭成虫部分产卵场所及幼虫早期食料来源，除草可在 1~2 龄幼虫期进行，防止杂草上的幼虫转移到林木幼苗上为害。

②诱杀成虫。在越冬代发蛾期用黑光灯或糖醋液诱杀成虫，可有效压低第一代虫量。黑光灯下放一盆含杀虫剂和洗衣粉的水，灭杀效果显著。糖醋液配置方法：糖、醋、白酒、水的比例为 6：3：1：10，每 5 亩黑果枸杞园地内放置 1 盆。

③药剂防治。防治地老虎的最佳时期是幼虫 3 龄以前，在地面上进行药剂防治，可选择 2.5%的溴氰菊酯 1 500 倍液喷雾。此期幼虫抗药性差，用药效果最好。同时撒施毒土，每亩使用 50%的辛硫磷乳油 0.3 kg，拌细沙土 50 kg，在枸杞植株根旁开沟撒施并覆土。

④天敌防治。黄地老虎的天敌有螳螂、广赤眼蜂、螟蛉绒茧蜂等，在天敌数量多时少用或不用广谱性化学农药，注意保护天敌，或适量投放天敌防治。

9.1.5 螨类

白枸杞瘤瘿螨

白枸杞瘤瘿螨（*Aceria pallida* Keifer），一般称作枸杞瘿螨，属蛛形纲蜱螨亚纲真螨目瘿螨总科害虫。

（1）形态特征

枸杞瘿螨有 4 个虫期：卵、幼螨、若螨、成螨。成螨体长 120~328 μm，雌成螨体长 200~240 μm，橙黄色或赭黄色，长圆锥形，近头胸部有足 2 对，故又称四足螨。卵近球形，浅白色，半透明（彩图 9-9、彩图 9-10）。

（2）危害症状

其为害枸杞叶片、嫩枝、花蕾及果实，刺激受害组织增生形成虫瘿，严重时致使叶片布满痣状虫瘿，光合作用受损，花器畸形、开花异常，果实不能正常膨大、着色，生长点、嫩梢等幼嫩部位扭曲卷缩，停止生长，严重影响黑果枸杞的产量和品质。枸杞瘿螨体型微小，很难被肉眼发现，可通过观察虫瘿大小、个数及形成情况判断虫害发展程度。

（3）发生规律

越冬成螨在4月中旬随黑果枸杞枝条萌芽展叶时开始活动，入侵新生叶片植物组织繁殖为害形成虫瘿，在5月底至6月中旬形成第一次为害高峰期，6—8月虫瘿组织衰老，成螨开始大量出瘿迁徙为害，新梢、叶片、花蕾、果实等部位受害后又形成新的虫瘿。随着温度的升高，螨量快速增加，暴发成灾。在25℃下出瘿成螨钻入叶组织产卵为害叶片，到下一代成螨出现10~12 d。但超35℃高温天气则可抑制其虫瘿内害螨的生长发育。8月底至9月初达到为害高峰期，10月下旬后陆续进入休眠期，逐渐停止为害。枸杞瘿螨以雌成螨越冬，越冬场所主要在黑果枸杞植株已形成虫瘿内，也有部分雌成螨随枸杞木虱携带越冬。由于枸杞瘿螨生活场所隐蔽只有成螨期离开虫瘿寻找合适部位潜入叶、花蕾、幼果组织内产卵，因此应在枸杞瘿螨出蛰期成螨大量暴露于虫瘿外时进行化学防治，以取得良好防效。

（4）防治方法

①加强检疫。严禁枸杞瘿螨随苗木的调运传入或传出。

②药剂防治。4月下旬瘿螨为害初期、5—6月上旬以及8月底至9月初是防治枸杞瘿螨的关键时期，每隔15~20 d进行1次防治，连续2~3次，在每次采果后及时进行药剂防治，可以有效控制其蔓延，减轻为害程度。用34%螺螨酯悬浮剂3 000~4 000倍液，或20%哒螨灵可湿性粉3 000~4 500倍液，或15%哒螨灵乳油3 000~4 000倍液喷施防治，间隔7~10 d喷洒1次，共防治2~3次，药剂轮换使用。采果前停止用药。

③天敌防治。枸杞蚜虫的天敌是枸杞瘿螨姬小蜂，在天敌数量多时少用或不用广谱性化学农药，注意保护天敌，或适量投放天敌防治。

9.2 主要病害

黑果枸杞在人工繁育的过程中，除去繁育的基本技术外，病害的发生也是造成减产减收的原因之一，因其茎叶繁茂，属连续花果植物，一年中多次开花，多次结果，病害发生多，防治难度大。主要病害有：枸杞炭疽病、枸杞根腐病、枸杞白粉病、枸杞灰斑病、枸杞流胶病等。黑果枸杞有效的病害防治技术，能够在保护环境的同时，减少果实的污染，实现产品等级质量的提高，增加种植黑果枸杞的经济效益。

9.2.1 枸杞炭疽病

枸杞炭疽病也叫枸杞黑果病，是由胶孢炭疽菌引起、发生在枸杞上的真菌性病害，是在枸杞生产中的主要病害之一。在中国各枸杞产区，病株率在15%~20%，严重时高达70%，其中以陕西、河南、河北等地为害严重，造成常年减产50%左右，最高达80%以上。

（1）危害症状

枸杞炭疽病主要为害枸杞果实，也可侵染嫩枝、叶、蕾、花等。果实青色的时候患病会在果面呈现针头大褐色小圆点，后扩大呈不规则病斑，病斑凹陷变软，变黑。在侵染嫩枝、叶尖、叶缘时，出现半圆形褐色斑点，花和花蕾受侵染后变黑，则不能开花结果。气候干燥时果实干缩，病斑表面长出近轮纹状排列的小黑点，若遇阴雨天则病斑会变大，出现橘红色孢子团，致使果实、花朵全部变黑，田间湿度大时，病斑呈湿腐状，表面出现橘红色黏液小点。

（2）病原

枸杞炭疽病的病原为胶孢炭疽菌 [*Colletotrichum gloeosporioides* (Penz.) Sacc.]。分生孢子长椭圆形，无色，单胞，大小为（8.2~16.4）μm×（3.9~5.0）μm。分生孢子萌发的温度范围为15~32℃，最适温度为28℃。多从叶尖、叶缘侵染，或于叶片表面着生近圆形的病斑。病斑圆形或不规则形，边缘黑褐色，内部凹陷，灰褐色或灰黑色，后期着生小黑点。病菌在土壤及病残体上越冬，翌年靠气流、风雨传播为害。翌年，病菌可通过伤口侵入，低温潮湿、连雨天气有利于发病。

（3）发生规律

枸杞炭疽病主要以菌丝和分生孢子在落叶、病果和树皮缝越冬。在整个生长期均可发病，在每年 4 月下旬至 5 月上旬，如遇 1~2 d 阴雨，病菌即可完成初次侵染。病菌主要靠风、雨传播，经伤口和自然孔口入侵，有 3~5 d 的潜育期。降水量多，湿度大的气候条件下，有利于病害的传播和蔓延，雨水较多的 7—9 月则是炭疽病的发病盛期。黑果病的发生与降水量、湿度关系很大，一般干旱少雨发病较轻，多雨、湿度大及多雾、多露的气候条件发病则重。病菌随风雨传播，在雨季果面上的黑霉即分生孢子散落到果实及叶上，遇条件适宜进行循环性侵染为害。

（4）防治方法

枸杞炭疽病的防治方法以农业措施和化学防治措施相结合。

①选择优良的栽培种类。尽可能地选择抗病能力强的种类栽培。

②清园。在早春时分或是收获时整理枸杞园剪掉的残枝、病枝等，然后会集焚毁，以减少初侵染源。

③合理的灌溉。适当灌溉，要留意别有积水，还要留意田里的温度，这么做能控制细菌的繁衍，发病期禁止大水漫灌，雨后排除果园积水，浇水应在上午进行，以控制田间湿度，减少夜间果面结露。

④合理施肥及修剪。枸杞以有机肥为主，再辅以植株需求的微量元素肥料，能增加植株的抗病力。修剪枝条时根据当地气候特征，使结果期避开多雨染病季节。如中国河北、山东一带，全年雨水多集中在 7—8 月，可实行冬春轻剪枝，夏季重剪枝，确保春、秋果，放弃夏果的防病措施。

⑤化学防治。6 月雨季前喷 1 次波尔多液，隔 15 d 再喷 1 次。发病后注意降雨后的 24 h 内进行喷药，用 50% 代森锰锌 600 倍液或 70% 甲基硫菌灵 500 倍液喷 3~5 次；波尔多液 100 倍液、10 d 后喷施百菌清 600 倍液，2 种药剂交替使用，7~10 d 喷 1 次，如遇雨水及时补喷。

9.2.2　枸杞白粉病

枸杞白粉病是由穆氏节丝壳引起的真菌性病害，主要分布于宁夏、陕西等省（区），常年发病率 20%，这种病害对叶子的危害最大。

（1）危害症状

主要为害枸杞叶片和嫩枝，发生严重时可为害花和幼果。叶子的外表呈现白色霉斑与粉色斑，严重时，全部植株外面都呈现一片白色。被害部位覆盖的白色或灰白色粉层，导致叶片皱缩，新梢卷曲，果实皱缩或裂口，树木受害后影响生长和枸杞子的产量。温暖多湿的天气或植地环境、日夜温差大有利于此病的发生、蔓延。

（2）病原

枸杞白粉病是由穆氏节丝壳［*Arthrocladiella mougeotii*（Lév.）Vassilk.］的真菌引起，属子囊菌亚门、核菌纲、白粉菌目、节丝壳属。闭囊壳稀少，散生，黑褐色，球形或扁球形，直径 130~175 μm，附属丝很多，顶端 2~3 次双叉式或三叉式分枝，末端圆形或稍收缩，长度为闭囊壳直径的 1 倍，子囊多个。子囊长椭圆形，有柄，大小为（58~73）μm×（18~28）μm。子囊孢子 2 个，椭圆形，大小为（15~20）μm×（10~12）μm。分生孢子为粉孢属（Oidium）类型，短柱形或椭圆形，大小为（20~36）μm×（10~18）μm。发病叶面和叶背有明显的白色粉状霉层，为病菌的分生孢子梗和分生孢子。受害嫩叶常皱缩、卷曲和变形，后期病组织发黄、坏死，叶片提早脱落，并长出小黑点，即病菌的闭囊壳。

（3）发生规律

高温多雨年份、土壤湿度大、空气潮湿、土壤缺肥、植株衰弱是导致植物发病的主要原因之一。但病菌孢子具有耐旱特性，在高温干旱的天气条件下，仍能正常发芽侵染致病。日夜温差大有利于此病的发生、蔓延。病菌以闭囊壳随病残体遗留在土壤表面越冬或在病枝梢的冬芽中越冬。翌年春季放射出子囊孢子进行初侵染。7 月下旬至 8 月上旬为发病盛期，田间发病后，病部产生分生孢子通过气流传播，进行再侵染，条件适宜时，孢子萌发产生菌丝直接从表皮细胞侵入，以吸器吸收营养，菌丝体则以附着胞匍匐于寄主表面，不断扩展蔓延，秋末形成闭囊壳或继续以菌丝体在土地外表和患病的枝梢冬芽内过冬，第 2 年春天，在植株开花的时分和果实刚开端长的时分发病。

（4）防治方法

枸杞白粉病的防治方法主要以农业防治和化学防治相结合。选栽时因地制宜选用抗（耐）病品种，田间不宜栽植过密，注意通风透光，适时灌溉，雨后及时排水，防止湿气滞留。冬季做好田园清洁，多翻动浅层地表除草，下降病菌的繁衍和寄生，防止植株的穿插感染，清扫地表病叶、枯枝，除去病枝，减少初侵染源。合理地使用肥料，提高土地的肥力，让植株更健壮。其次进行化学药物防治。

在病害常发期前，使用靓果安作为保护药剂，按 400~600 倍液进行喷施；花期、幼果期为重点防治时期，速净按 500 倍液稀释喷施，7 d 用药 1 次作为药物预防。轻微发病时，速净按 300~500 倍液稀释喷施，5~7 d 用药 1 次；病情严重时，按 300 倍液稀释喷施，3 d 用药 1 次，喷药次数视病情而定。在发芽前和展叶后各喷一次 0.3~0.5 波美度石硫合剂。或各喷 1 次石硫合剂和硫酸亚铁的混合液（0.3 波美度石硫合剂 25 kg 加硫酸亚铁 25 g）。

发病初期喷洒 50% 苯菌灵可湿性粉剂 1 500 倍液、60% 防霉宝 2 号水溶性粉剂 10 000 倍液、20% 三唑酮乳油 1 500~2 000 倍液、30% 碱式硫酸铜（绿得保）悬浮剂 400 倍液、45% 晶体石硫合剂 150 倍液，隔 10 d 左右 1 次，连续防治 2~3 次。对上述杀菌剂产生抗药性的地区可改用 40% 福星乳油 8 000~10 000 倍液，隔 20 d 1 次，防治 1 次或 2 次。采收前 3 d 停止用药。

9.2.3　枸杞灰斑病

枸杞灰斑病是由枸杞尾孢引起的真菌性病害，在各枸杞种植地区普遍发生，常年发病率在 30% 左右，损失在 20%~30%。在高温多雨湿度大的生长季节，土壤瘠薄，管理粗放，其他病虫害严重的枸杞产区发病严重。

（1）危害症状

枸杞灰斑病主要为害枸杞叶片，果实亦可受侵害。叶片病斑圆形或近圆形、较细小、长径 2~4 mm 不等，斑边缘褐色发病后健康部位分界明晰、中部灰褐色至灰白色、斑面病表现为暗灰色霉，即病原菌的分生孢子梗与分生孢子，以叶背斑面最为明显。果实染病、症状与叶片相似，唯褐色斑点有时稍下陷。

（2）病原

枸杞灰斑病的病原菌为枸杞尾孢（*Cercospora lycii* Ell. et Halst.），属半知

菌亚门真菌。子实体生在叶背面,子座小,褐色;分生孢子梗褐色,3~7根簇生,顶端较狭且色浅,不分枝,正直或具膝状节0~4个,顶端近截形,孢痕明显,多隔膜,大小(48~156)μm×(4~5.5)μm;分生孢子无色透明,鞭形,直或稍弯,基部近截形,顶端尖或较尖,隔膜多,不明显。

(3)发生规律

病菌以菌丝体或分生孢子在枸杞的枯枝残叶或病果遗落在土中越冬。在寒冷地区,病菌以子实体闭囊壳随病残物在土中越冬;在温暖地区,病菌主要以无性态分生孢子进行初侵染与再侵染,完成病害侵染循环,并无明显越冬期。翌年分生孢子借风雨传播进行初侵染和再侵染,扩大为害。高温高湿天气对病害发生有利。栽培管理不良,植株长势弱,容易诱发此病。土壤缺肥或肥水管理不善致植株生长不良、或偏施氮肥植株生长过旺,皆易降低植株抵抗力而易感染病害。

(4)防治方法

枸杞灰斑病的防治方法主要以农业防治和化学防治相结合。栽植前选用抗病品种枸杞。选择适合的园林,选择盐含量在0.33%以下的沙壤土地比较好。秋季落叶后及时清园,清除病叶和病果,集中深埋或烧毁,以减少初侵染源,加强栽培管理,增施有机肥和磷、钾肥,合理灌水、控制田间湿度。枸杞对水肥较为灵敏,为肥料在大地中充沛腐熟和早日发挥肥效,通常在10月下旬至11月中旬用各种腐熟的农家肥,春天首次洒水要浅,不要让枸杞园积明水超过4h。在此基础上结合化学防治。

预防喷药从6月开始,喷洒50%甲基硫菌灵·硫黄悬浮剂800倍液或40%百菌清悬浮剂、64%杀毒矾可湿性粉剂500倍液、30%绿得保悬浮剂400倍液,隔10d左右1次,连续防治2~3次,采收前7d停止用药。发病初期喷1:1:140波尔多液、64%杀毒矾可湿性粉剂500倍液、30%绿得保悬浮剂400倍液、70%代森锰锌可湿性粉剂500倍液、80%代森锰锌可湿性粉剂500倍液。6月中旬开始,每7~10d喷1次50%代森锰锌500~600倍液,或77%氢氧化铜500倍液,或50%多菌灵500倍液,连续喷3次。还可以选择喷洒50%异菌脲可湿性粉剂1 000倍液,或80%绿享2号可湿性粉剂800倍液,或65%多霉灵可溶性粉剂1 000倍液,或75%达科宁(百菌清)可湿性粉剂700倍液,或50%杀菌王(氯溴异氰脲酸)可溶性粉剂

1 000倍液等。隔10 d左右1次，连治2~3次，采收前10 d停止用药。

9.2.4 枸杞褐斑病

枸杞褐斑病又称枸杞黑斑病、枸杞早疫病。病原菌属于半知菌亚门，丝孢目，暗色菌科，链格孢属。该病分布于全国各地。除为害枸杞外，还为害番茄、茄子、辣椒及马铃薯等茄科蔬菜。苗期、成株期均染病，主要侵害叶片、茎、花和果实，一般发病率15%~25%，严重时可达30%~80%，受害叶片早枯，受害果实果形变小，降低食用价值。

（1）危害症状

叶片染病后初呈针尖大的小黑点，后不断扩大产生圆形、边缘褐色、中间灰褐色的病斑，微具同心轮纹。茎部病斑灰褐色，椭圆形，略凹陷。果实上病斑圆形，黑褐色凹陷，多在蒂部附近发生。一般气候条件下，病部均产生黑色霉状物。

（2）病原

该病由链格孢（*Alternaria Nees*）侵染而引起，分生孢子梗单生或丛生，黄褐色，具1~7个隔膜，屈曲状，大小为（40~90）μm×（6~8）μm。分生孢子棒状，黄褐色，具隔0~8个，横格3~14个，大小为（120~296）μm×（12~20）μm。喙细胞细长，有时分枝，大小为2.5~5 μm。

（3）发病规律

病菌以菌丝体及分生孢子在病残体或种子上越冬。翌年气候条件适宜时，病菌可以从气孔、皮孔或表皮直接侵入，形成初次侵染，经1~3 d潜育期出现病斑，3~4 d产生分生孢子，并通过气流、雨水多次重复侵染。当枸杞生长进入旺盛期及果实膨大期，基部叶片开始衰老，病菌在枸杞园上空得以积累。此时如遇持续5 d平均温度21℃左右，降雨2.2~46 mm，相对湿度大于70%的时数在49 h以上时，该病开始发生和流行。因此，每年雨季到来的迟早，雨日的多少，降水量的大小，均影响相对湿度的变化及枸杞褐斑病的扩展。另外，该病菌属兼性腐生菌，田间管理不当，常因基肥不足发病重。

（4）防治方法

①人工防治。加强田间管理，清扫枯枝落叶，集中烧毁或深埋，消灭越

冬病菌。种植抗病品种或选育抗病品种；合理密植，使其通风透光，降低田间湿度，可减轻病害发生。按配方要求，充分施足基肥，适时追肥，提高枸杞抗病能力。

②化学防治。枸杞褐斑病发病前喷药预防，可选用50%异菌脲可湿性粉剂1 000倍液，或75%百菌清可湿性泡剂600倍液，或64%代森锰锌可湿性粉剂500倍液，或40%大富丹可湿性粉剂400倍液，均匀喷雾，间隔10~15 d喷1次，连续喷2~3次，可产生良好的预防效果。发病后用药虽有一定抑制作用，但不理想。

9.2.5 枸杞霉斑病

枸杞霉斑病又称枸杞叶霉病。病原菌属于半知菌亚门，假尾孢属。该病分布于中国南、北方枸杞产区。主要为害叶片，致使全叶变黄，甚至干枯，叶片不能食用，又影响果实产量。

（1）危害症状

发病后，叶片正面呈现退绿黄斑，背面出现近圆形霉斑，边缘不变色。严重时多个霉斑汇合成斑块，或霉斑密布，致使整个叶片背面覆满霉状物，导致全叶变黄，或干枯。

（2）病原

该病是由半知菌亚门，假尾孢属真菌（*Pseudocercospora*）侵染所引起。分生孢子梗数枝或数十枝密集丛生，丝状，不分枝，褐色，长短不一，呈波浪状弯曲，末端钝圆，大小为（29~81）μm×（4.5~5.2）μm；分生孢子圆柱形，直或弯曲，末端部狭细，基部膨大，而渐变尖削，"脐痕"明显，橄榄色，有3~14个隔膜，大小（29~110）μm×（4.4~5）μm。病菌实层生于叶背而平铺，外观如丝绒状。

（3）发病规律

枸杞霉斑病在中国北方以菌丝体及分生孢子丛在病叶上，或随病残体遗留在土中越冬。翌年以分生孢子借气流和雨水溅射传播，侵入寄主叶片致病，病部上不断产生分生孢子，进行再侵染。南方田间枸杞终年种植的地区，分生孢子辗转为害，没有明显越冬期，天气温暖闷湿易发生流行。大叶枸杞品种较染病，细叶品种较抗病。

（4）防治方法

①人工与农业防治。秋末冬初及时扫除枸杞田落叶及病残体，集中一起烧毁，消灭翌年病菌来源。在枸杞生长期，加强田间管理，及时中耕除草、灌溉、施肥，并定期喷施叶面宝、绿丰素等叶面肥，以提高植株发育生长，增强抗病能力，减轻病害发生。

②药剂防治。在枸杞发病初期，喷洒 14% 的络氨铜水剂 300 倍液、0.5∶1∶100 波尔多液、50% 的琥胶肥酸铜可湿性粉剂 500 倍液、50% 的防霉宝超微粉 600 倍液等防治，每隔 7~10 d 喷 1 次，连喷 2~3 次。

9.2.6　枸杞黄叶病

枸杞黄叶病又名枸杞黄化病、缺铁失绿症。病原属于缺铁引起的生理病害。枸杞黄叶病分布于全国各枸杞产区，以盐碱土和石灰质过高的地区发生比较普遍，尤以幼苗和幼树受害严重。叶片由于缺铁而变黄，枝条不充实，花芽难以形成，对产量影响较大。

（1）危害症状

发病多从枸杞新梢上部嫩叶开始，初期叶脉间叶肉失绿变黄而叶脉仍保持绿色，使叶片呈网纹失绿。发病严重时全叶变为黄白色或苍白色，病叶自叶尖、叶缘，以至叶面上产生不规则形坏死斑。有病枝梢细弱，节间缩短，芽不饱满，而且枝条发软易弯曲。

（2）病原

该病是由于缺铁而引起的缺素症。主要是土壤缺少可吸收性铁离子而造成，由于可吸收铁元素供给不足，叶绿素形成受到破坏，呼吸酶的活力受到抑制，致使枝叶发育不良，造成黄叶形成。

（3）发病规律

枸杞黄叶病多发生在盐碱地或石灰质过高的土壤，由于土壤复杂的盐类存在，使水溶性的铁元素变为不溶性的铁元素，使植物无法吸收利用，同时生长在碱性土壤中的植物，因其本身组织内的生理状态失去平衡，铁元素运转和利用也受到阻碍。由于枸杞生长发育所需要的铁元素得不到满足而发病。枸杞在抽梢季节发病最重。一般 4 月出现病状，严重地区 6—7 月即大量落叶，8—9 月枝条中间叶片落光，顶端仅留几片小黄叶。一般干旱年份，生长旺盛季节发病略有减轻。通常枸杞苗受害较重，成株一般较轻。

（4）防治方法

①农业防治措施。选择栽培抗病品种，或选用抗病砧木进行嫁接，解决黄叶病的发生。改良土壤，间作豆科绿肥，压绿肥和增施有机物，可改良土壤理化性状和通气状况，增强根系微生物活力。加强盐碱地改良，科学灌水，洗碱压碱，减少土壤含盐量。旱季应及时灌水，灌水后及时中耕，以减少水分蒸发。同时，地下水位高的枸杞园应注意排水。

②化学防治措施。在枸杞黄叶病发生严重地区，可用30%康地宝液剂，每株20~30 mL，加水稀释浇灌。能迅速降碱除盐，调节土壤理化性状，使土壤中营养物质和铁元素转化为可利用状态，被枸杞吸收后，可解除生理缺素病状。结合施有机肥料时，增施硫酸亚铁，每株施硫酸亚铁1~1.5 kg，或施螯合铁等，有明显治疗效果。在枸杞发芽前喷施0.3%硫酸亚铁，或生长季节喷洒0.1%~0.2%硫酸亚铁，或12%小叶黄叶绝400倍液，或螯合铁、复绿宝等，对防治黄叶病也有效。在枸杞发芽前，用强力注射器将0.1%硫酸亚铁溶液，或0.08%柠檬酸铁溶液注射到枝干中，防治黄叶病效果较好。

9.2.7　枸杞枯萎病

枸杞枯萎病又名茎腐病。该病分布于全国各省、自治区枸杞产地。除为害野生枸杞外，也为害茄子、番茄、辣椒、马铃薯等茄科作物。

（1）为害症状

主要为害枸杞根茎部，通过维管束传播引起全株发病，严重时植株矮缩，叶片变小，甚至全株枯萎死亡。枸杞染病初期，叶片变黄，继而变成褐色而干枯，但不脱落。有时个别枝条发病，其他正常。一般病株较矮，节间缩短，叶片变小。剖视枝干，维管束呈褐色。多雨季节，天气潮湿时，茎基部往往产生粉红色霉状物。

（2）病原

该病是由腐皮镰孢菌（*Fungi Imperficti*）和立枯丝核菌（*Rhizoctonia solani* Kuhn）单独或复合侵染所引起。前者为分生孢子着生在孢子梗的顶端，分生孢子梗从菌丝上伸出，常从基部做叉状分枝，下端较宽，向上渐细，有隔膜，无色，大小为（15~33.5）μm×（3~5）μm；分生孢子大，镰刀形，小型分生孢子数量多，卵形或肾形。后者病原菌培养物初为白色，后变为淡褐色至棕褐色，菌落粗糙，表面生结节状小疣状物—微菌核；微菌核由蛛丝状菌丝体缠结，菌丝初为无色，多油点，呈锐角分枝，小枝与主枝相接处稍有缢缩，其上常有横隔；老菌丝黄褐色，呈直角分枝，分枝与主枝相连处不缢缩；菌核形态大小不一，直径1~10 mm，褐色至黑褐色。

（3）发病规律

该病以菌丝体及厚垣孢子在土壤中或随病残体越冬。翌年产生分生孢子，借风雨、流水、病土和农事活动传播。高温多雨、土壤湿度大、低洼排水不良、土壤黏重、偏氮缺钾、地下害虫发生严重，均能引起发病。

（4）防治方法

枸杞枯萎病主要是以农业防治和化学防治相结合的方法进行防治。

①土壤条件。种植枸杞时，要选择地势高燥，排水良好的沙质土壤，可减轻发病。

②施足底肥。增施有机肥和磷、钾肥，使枸杞生长健壮，增强抗病能力。

③加强管理。在生长季节，发现病株立即挖除，并烧毁，病穴可用石灰处理。

④药剂防治。用50%枯萎灵可湿性粉剂600倍液，或80%土菌清可湿性粉剂1 000倍液，或30%噻唑氰乳油800~1 000倍液灌入病穴以及周围植株。

9.2.8 枸杞枝枯病

枸杞枝枯病俗称枯枝病、枯萎病。病原菌属于半知菌亚门，球壳孢目，球壳孢科，茎点属。枸杞枝枯病分布于陕西、山西、宁夏及甘肃等省、自治区枸杞产地。

（1）危害症状

主要为害枸杞枝条，引起枝枯，后期干缩。该病常发生于大枝基部、小枝分杈处或幼树主干上。发病初期病斑不甚明显，随着病情的发展，病斑为灰褐色至黑褐色椭圆形，以后逐渐扩展为长条形。病斑环绕枝干一周时，则引起上部枝条枯萎，后期干缩枯死，秋季其上产生黑色小突起，即分生孢子器，顶破表皮而外露。

（2）病原

枸杞枝枯病主要由茎点属真菌侵染引起。分生孢子器生于寄主隆起的表皮下，埋生或半埋生，分生孢子器球形，褐色，散生或聚生。成熟的分生孢子器吸水后，孢子从孔口涌出。分生孢子圆形或椭圆形，单孢，无色，分生孢子梗线形，极短。

（3）发病规律

该病菌主要以分生孢子器或菌丝体在病部越冬。翌年春季产生分生孢子，进行初侵染，引起发病。在高湿条件下，尤其遇雨或灌溉后，侵入的病菌释放出分生孢子进行再侵染。分生孢子借雨水或风及昆虫传播，雨季随雨水沿枝下流，使枝干形成更多病斑，从而引致干枯。枸杞园管理不善，树势衰弱，或枝条失水收缩，冬季低温冻伤，地势低洼，土壤黏重，排水不良，通风不好，均易诱发此病。

（4）防治方法

①加强管理。在枸杞生长季节，及时灌水，合理施肥，增强树势；合理修剪，减少伤口，清除病枝，都能减轻病害发生。

②涂白保护。秋末冬初，利用白涂剂，粉刷枸杞枝干，避免冻害，减少发病机会。

③刮治病斑。对初期产生的病斑，用刀进行刮除，病斑刮除后涂抹托福油膏，或1%等量式波尔多液。

④喷药防治。深秋或翌年春枸杞发芽前，喷洒石硫合剂，或45%晶体石硫合剂100倍液，对防治枸杞枝枯病均有良好效果。

9.2.9　枸杞腐烂病

枸杞腐烂病又称烂皮病、臭皮病等，病原菌属于子囊菌亚门，间座壳科，黑腐皮壳属。该病分布于全国各地枸杞产区。寄主有枸杞、野生枸杞，主要为害主干和主枝，为害严重时，常使病部以上枝干枯死，造成减产，品质降低。

（1）危害症状

染病初期，病部呈黄褐色或红褐色的圆形、椭圆形、不规则形或条形病斑，略隆起，水浸状，组织松软，用手按时则下陷。病部常流出黑褐色汁液，病皮极易剥离。腐烂皮层鲜红褐色，湿腐状，有酒精味。发病后期，病部失水干缩，变为黑褐色下陷，其上产生黑色小粒点，即病菌的分生孢子器。天气潮湿时，分生孢子器吸水从孔口涌出黄色卷曲状分生孢子角。

（2）病原

该病是由黑腐皮壳属真菌侵染所引起。子座发达，黑色，坚硬，圆锥形，埋在树皮内，顶端突出。子囊壳球形，着生于子座基部，具长柄，颈端聚集一起，孔口露出。子囊棍棒形至圆柱形，无柄，子囊孢子弯曲呈腊肠形，单孢，无色。无性态为壳囊孢属（*Cytospora*），分生孢子器也埋生于子座中，分生孢子腊肠形，单孢，无色。

（3）发病规律

病菌以菌丝体、子座、分生孢子器在病皮或残枝干上越冬。第2年产生分生孢子，随风雨和昆虫传播，孢子萌发后从各种伤口和死伤组织侵入；子囊孢子也能侵染，但潜育期长，扩展速度慢，发病率低。该病为弱寄生菌，病菌侵入寄主后，先在伤口处组织上潜伏，当树体局部组织衰弱或进入休眠期，生理活动减弱，抗病力降低时，病菌可由侵入部位向外扩展，进入致病状态。一般病菌侵入寄主后，先分解毒素杀死周围的寄主细胞，并从杀死细胞中摄取营养向四周扩展。树体对病菌抗侵染难而抗扩展易，因此枸杞树体衰弱，抗扩展能力差，有利于病害发生与流行。此外，有机肥缺乏或追施氮肥失调、地下水位高，也易导致腐烂病的发生。

（4）防治方法

①加强栽培管理。合理施用氮肥、磷肥、钾肥，增施农家肥，增强树势，提高抗病能力。

②合理修剪。适量疏花疏果，根据树势、病情和水肥条件，认真细致修剪，并作好伤口保护。在花蕾出现时，若花蕾过多，可疏去一些花蕾，或开花时疏去过多花序和花朵，可减少树体养分消耗，增强抗病能力。

③及时灌水或排水。在干旱季节，土壤含水量较低时，应及时灌水。夏秋季多雨时，注意排出积水，减轻病害发生。

④及时防治病虫害。特别是认真做好天牛等害虫的防治，避免虫伤，也是增强树体健壮，防止腐烂病发生的重要措施。

⑤药剂防治。药物灌根。药物灌根主要是将药物直接施于根系患病处，以提高药物的针对性。防治药剂以45%代森铵500~1 000倍液和40%灭病威抑菌500~1 000倍液的效果最好。发病初期，也可用50%多菌灵1 000~1 500倍液或者50%甲基硫菌灵1 000~1 500倍液浇灌根部。

药物喷施。坚持采用对每株由下向上、由里向外的喷药方法，并对叶背面喷药，保证每株的枝条、叶片都喷到药。喷药量以枝条、叶片上喷雾药滴细小、均匀密布，但又不互相联合、不向下滴水为宜。在插条时可用高锰酸钾1 000倍液淋施，插条成活后定期或不定期淋药，预防和控制病害。除用高锰酸钾溶液防治外，还可淋施15%混合氨基酸锌镁水剂500倍液或20%抗枯宁水剂600倍液，每7~10 d淋施1次，连续3~4次。当发现枝条萎缩、叶片发黄、侧枝枯死的植株时要立即拔除，并用5%石灰乳对病穴进行消毒，以防蔓延。

9.2.10　枸杞侵染性流胶病

枸杞侵染性流胶病又称疣皮病、瘤皮病，俗称粘胶病、黄胶病。病原菌属于子囊菌亚门，格孢腔菌目，葡萄座腔菌属。该病分布于各地枸杞产区，宁夏、甘肃发病普遍。发生严重时，枸杞生长衰弱，部分枝条或整株枯萎死亡。

（1）危害症状

主要为害主干和枝条。1~2年生枝条染病，初期产生以皮孔为中心的疣状小突起，逐渐扩大成瘤状突起物，其上散生针头状小黑粒点，即病菌的分生孢子器。翌年5月病斑再扩大，瘤皮开裂，流出无色半透明稀薄而有黏性的软胶，不久颜色变深，质地变硬呈结晶状。被害枝条表面粗糙变黑，并以瘤为中心逐渐下陷，形成圆形或不规则形病斑，严重时枝条枯萎死亡。多年生枝干受害，首先出现"水泡状"隆起斑，直径1~2 cm，并流出泡沫状淡黄色透明胶状黏液，后凝结，渐变为红褐色。病部稍肿胀，其皮层和木质部褐变、坏死。枝干上病斑多时，则大量流胶，致使树势衰弱，造成部分侧枝，甚至整株枯萎死亡。

（2）病原

枸杞流胶病是由葡萄座腔菌属真菌（*Botryosphaeria dothidea*）侵染而引

起。分生孢子器初埋生于患病枝干枯死皮中的子座上，成熟后突破表皮。分生孢子器球形，黑褐色，分生孢子单孢，无色。子囊座中等，内生。子囊孢子卵圆形或纺锤形，单孢，无色，闭囊壳单生，侧面融合或多埋于子座中。

（3）发病规律

病菌以菌丝体和分生孢子器在被害部越冬，翌年3—4月产生分生孢子，借助风雨传播，自皮孔、伤口侵入，进行初侵染。当气温上升到15℃以上时，病部可渗出胶液，随气温升高，树体流胶点增多，病情逐渐加重。每年5月下旬至6月上旬与8月上旬至9月上旬，为发病高峰期。一般枝干分权处易积水的地方受害重，土壤瘠薄、肥水不足、负载量大的枸杞发病重，相反则发病轻。发病严重而且时间较久，会造成树势衰弱，树叶变黄，而后凋落，继而全株枯死。

（4）防治方法

①加强栽培管理。适时灌水，增施有机肥，及时中耕除草，使枸杞健壮生长，增强抗病能力。

②清除初侵染源。应结合冬、春季修剪，彻底清除被害枝条和枝干。同时在修剪中，应特别注意避免造成机械伤口；修剪后，对修剪口涂抹波尔多液等保护剂，以防病菌侵入感染。

③化学药剂防治。枸杞萌芽前，用抗菌剂涂刷病斑，杀灭越冬病菌，减少初侵染源。发病初期，除去胶块将病斑刮净，用50%百菌清可湿性粉剂500倍液，或50%多菌灵可湿性粉剂500倍液，或60%百菌灵可湿性粉剂400倍液，或托福油膏涂抹病部。一般7~10 d涂抹1次，连续涂3~4次。在枸杞生长期，喷洒50%多菌灵可湿性粉剂800倍液，或50%苯菌灵可湿性粉剂500倍液，或70%多菌灵超微可湿性粉剂1 000倍液，间隔10~15 d喷1次，连喷3~4次。

9.2.11 枸杞非侵染性流胶病

枸杞非侵染性流胶病又名生理性流胶病、非寄生性流胶病。由各种伤口或栽培管理不当引起的非侵染性病害。枸杞流胶病是枸杞产区常发生的主要非侵染性病害，发生的原因主要是田间作业时的机械创伤、修剪时伤口及害虫为害所致。

（1）危害症状

主要为害枸杞主干和主枝，发生严重时，可使枝干局部组织坏死，甚至导致枝干腐朽死亡。当早春树液开始流动时，在枸杞植株枝干的树皮或被创伤的树皮伤口裂缝处，流出半透明乳白色的液体，多呈泡沫状。临近秋天停止流胶，液体干涸，在枝干被害处，树皮似火烧而呈焦黑，皮层和木质部分离，使被害的枝干干枯死亡，严重者全株死亡。

（2）病原

造成枸杞流胶病的主要病原是人为和机械损伤、蛀干害虫蛀伤、冻伤或冰雹打伤造成的伤口刺激树体流胶。除此之外，栽培管理不当，如修剪过重、结果过多、施肥不合理、土壤黏重等原因，引起生理失调，导致流胶病发生。

（3）发病规律

该病全年都会发生，一般4—10月间，雨季特别是长期干旱后的大降雨会导致该病严重发生。流量以生长旺盛期最大。机械损伤引起的流胶发生在树体中、下部，冻伤造成的流胶多发生在树体上部，以南侧向阳面较重。树龄大的枸杞流胶严重，幼龄树较轻；沙壤土栽培的枸杞发病轻，黏重土壤流胶病易发生。

（4）防治方法

枸杞流胶病的防治方法主要以防止枸杞树产生不必要的伤口，加强养护管理为主。一是防止牛、羊、鼠、兔啃咬树干。二是及时防治蛀干害虫，避免害虫蛀食，造成伤口尤其是要注意天牛等害虫的防治。三是入冬前进行树干涂白，防止冻害。四是改良土壤，增施有机肥，及时浇灌、排涝，促进枸杞生长，强壮树势。五是发现流胶病及时刮除，后用3~5波美度的石硫合剂，或1%甲醛水溶液涂抹伤口消毒，最后涂以接蜡或煤焦油，保护伤口。

9.2.12 枸杞幼苗立枯病

枸杞幼苗立枯病俗称死苗、霉根等。病原菌属于半知菌亚门，球壳孢目，裂壳孢科，丝核菌属。该病分布于国内各地枸杞产区。除为害枸杞外，也为害柑橘、花椒、松、杉等果树、林木以及蔬菜、粮食作物。主要为害种苗，常造成苗圃幼苗成片死亡，或缺苗断垄，延误农时。

（1）危害症状

立枯病主要发生在 1 年生以下的幼苗上，在种子播下发芽后，便显出幼根腐烂，幼苗未出土即已枯死。幼苗出土后染病，初期茎基部产生水渍状褐色椭圆形或长条形病斑，白天或中午萎蔫，夜晚至次晨恢复正常。病斑逐渐扩大，凹陷，扩展后绕茎 1 周，幼茎基部缢缩，最后呈直立状枯死。也有在幼苗开始形成木质化时，病菌侵害幼根呈黄褐色、水浸状，使之腐烂，根皮易脱落，叶片凋萎、幼茎逐渐变干而死亡。潮湿时，病部出现白色菌丝体，后期可见到灰白色菌丝或油菜籽状的小菌核。

（2）病原

立枯病的病原各地不同，但主要是由真菌中的立枯丝核菌（*Rhizoctonia solani* Kuhn）侵染所引起。此外，镰刀菌（*Fusarium* sp.）和拟细菌（*Fastidious bacteria*）也可引起立枯病。立枯丝核菌不产生孢子，主要以菌丝体传播和繁殖，初生菌丝无色，后呈黄褐色，菌丝有隔，粗 8~12 μm，分枝基部缢缩，成熟菌丝呈一连串桶形细胞。菌核近球形或不定形，大小为 0.1~0.5 mm，无色或淡褐色至黑褐色。孢子近圆形，大小为（6~9）μm×（5~7）μm。

（3）发病规律

病菌以菌丝或菌核在病残体及土壤中越冬，菌丝体可在土中营腐生生活 2~3 年，遇有适宜条件，病菌即可侵染幼苗。幼苗出土后 2~3 个月内，如温度高，连日阴雨，排水不良，育苗地透光不良易发病。育苗地是蔬菜、瓜类、玉米、马铃薯等作物，土壤中病菌多，病害易流行。种子质量差，播种太早或太迟，施氮肥过多，幼苗生长不良，亦容易发病。

（4）防治方法

①农业防治。苗圃选择地势高、排水方便，疏松肥沃的沙壤土地育苗，或采用高畦育苗，减轻病害发生。合理轮作，避免连茬育苗，密度不宜过密，以便通风排湿，防止病害发生。

②化学防治。苗圃土壤消毒苗圃于播种前，每亩用 2%~3% 硫酸亚铁水溶液 250L，喷洒土壤，喷后耙翻混土。播种时每亩用 50% 多菌灵可湿性粉剂 5.5 kg，施药前打透底水，先取 1/3 药土撒于地面，后播种，其余 2/3 盖在种子上面，即下垫上覆，防治立枯病有良好效果。喷药防治，发病初期，

用72.2%霜霉威水剂400倍液，或75%百菌清可湿性粉剂600倍液，或20%拌种双可湿性粉剂1 200倍液，每亩喷淋药液1 500~2 000 L。

9.2.13　苗木猝倒病

引起苗木猝倒病的有侵染性和非侵染性两类。主要为害杉属、松属和落叶松属等针叶树苗木。此外，也为害多种阔叶树幼苗及许多农作物和蔬菜等，主要为害1年生以下的幼苗。每年发病率都很高，是针叶树育苗成败的关键，也是阔叶树育苗中的重要问题。

（1）危害症状

病害主要为害幼苗，特别是出土1个月以内幼苗最易染病，幼苗在不同时期发病，其症状有所差异。幼苗未出土前，种、芽被病菌侵染而腐烂，在苗床上出现缺苗、断垄现象。幼苗在出土期受病菌侵染，导致幼苗茎叶腐烂。幼苗出土后，嫩茎尚未木质化，病菌自根茎处侵入，产生褐色斑点，迅速扩大呈水渍状腐烂，病苗迅速倒伏，引起典型的幼苗猝倒症状，此时苗木嫩叶仍呈绿色，病部仍可向外扩展。苗木茎部木质化后，病菌由根部侵入，引起根部皮层变色腐烂，造成苗木枯死而不倒伏。

（2）病原

引起苗木猝倒病的侵染性病原菌种类多，主要是丝核菌（*Rhizoctonia solani* Kuhn）、镰刀菌（*Fusarium* sp.），都是土壤习居菌类，平时能在土壤中的植物残体上生活。非侵染性病源主要由于圃地积水，覆土过厚，表土板结或地表温度过高灼伤根颈。

（3）发病规律

病害多在4—6月发生，原因多样，主要是由于在出土后的种苗未木质化，极易受到病菌的感染。无论是整地，做床或播种，土地潮湿，容易板结，土壤中好气性微生物受，到抑制，厌气性微生物活动加剧，不利于种芽和幼苗的呼吸和生长，种芽易窒息腐烂。土壤黏重，苗床太低，土块太粗，床面不平，圃地积水，有利于病菌繁殖，不利于苗木生长，苗木容易发病。前作物若是茄科等染病植物，土壤中病株残体多，病菌积累多，容易使苗木染病。病原以厚垣孢子、菌核和卵孢子度过不良环境，一旦遇到合适的寄主和潮湿的条件即可萌发侵染危害。因此，土壤板结、圃地积水、土壤中带菌等也是该病病原菌的主要来源。

（4）防治措施

根据苗木猝倒病发生发展规律，在防治上主要采取以改进育苗技术措施和减少土壤中病原菌数量为主的综合措施。

①选好苗圃地。尽可能避免用连作地，以及易染病植物的栽培地育苗。必要时将圃地经过土壤消毒后再播种。若在排水较差的圃地育苗，应开好排水沟，适当做高床，床面要求平整，避免积水。

②细致整地。播种前，苗圃地要精耕细作，以免高低不平。整地要在土壤干爽和天气晴朗时进行，以免水分太大造成土壤板结，影响苗木出土。如酸性土壤，可结合整地每公顷撒石灰 300 ~ 375 kg，抑制土壤中病菌生长，使植物残体分解。还可用森林腐殖土。既可改变土壤结构。减少病菌侵染机会，也能增加土壤肥力，促进苗木苗壮生长，增强抗病能力。

③合理施肥。肥料应该以有机肥料为主，无机化学肥料为辅；以基肥为主，追肥为辅，都应经过充分腐熟后才能使用。

④精选良种。适时播种。

⑤化学防治。用药剂处理土壤。采用多菌灵，对丝核菌和镰刀菌有很好的防治效果。用药剂处理幼苗。发现苗木染病后，应尽快用药剂防治。可以用敌磺钠、多菌灵或代森锰锌等药剂制成药土撒在苗木根茎部，或配成药液喷洒。发现茎叶腐烂时，应用波尔多液或其他药剂防治，10 ~ 15 d 喷 1 次。

9.2.14 枸杞根腐病

枸杞根腐病，是由镰刀菌引起的一种常见的真菌性病害，发生普遍，为害严重，是在枸杞生产中的主要土传病害之一，特别是随着枸杞种植年限的延长，发病率逐年加重。有些地区立枯丝核菌（*Rhizoctonia solani* Kuhn）也可引起类似的症状。

（1）危害症状

枸杞根腐病主要有根朽型以及腐烂型 2 种发病类型。主要为害枸杞根部，根部变黄褐色，发根少，地势低洼积水、土壤黏重、耕作粗放的枸杞产区易发病。多雨年份、光照不足、种植过密、修剪不当发病重。

根朽型是指根或根颈部发生不同程度腐朽、剥落现象，茎秆维管束变褐色，潮湿时在病部长出白色或粉红色霉层的类型。又可分小叶型和黄化型 2 种：小叶型，春季展叶时间晚，叶小、枝条矮化、花蕾和果实瘦小，常落蕾，严重时全株枯死；黄化型，叶片黄化，有萎蔫和不萎蔫 2 种症状表现，常大量落叶，严重时全株枯死，也有落叶后又萌发新叶，反复多次后枯死。

腐烂型是指根颈或枝干的皮层变褐色或黑色腐烂，维管束变为褐色的类型。叶尖开始时黄色，逐渐枯焦，向上反卷，当腐烂皮层环绕树干时，病部以上叶全脱落，树干枯死，有的则是叶片突然萎蔫枯死，枯叶仍挂在树上。这种现象多发生在 7—8 月的高温季节。

发病的枸杞树苗也常表现为半边树冠发病、半边枯萎或仅某一枝条发病和枯萎。有的树干病死，而在树根颈部又长出新的枝叶。

（2）病原

枸杞根腐病的病原菌为黄色镰孢（*Fusarium culmorum*），属半知菌亚门真菌。病原菌产生大小 2 种类型的分生孢子。大型分生孢子无色，镰刀状，具隔膜；小型分生孢子无色，卵圆形，单胞。病原菌随存活病株越冬，也可随表土和土中的病株残体及病果种子越冬和传播。病菌从伤口或穿过组织皮层直接入侵到植物组织内部，引起发病。不同的病原菌和不同的侵染方式，其病害的潜育期也各不相同。例如在 20℃ 条件下，尖孢镰刀菌在寄主伤口的条件下致病潜育期 3 d，而未受伤时为 19 d，茄类镰刀菌依次为 5 d 和 19 d；同色镰刀菌在寄主创伤条件下致病潜育期 5 d。

（3）发生规律

枸杞根腐病病菌经过植株病处或者是土地中的患病残枝越冬，第 2 年条件适合的时分，通过伤口进入植株引起蜘蛛患病，病菌通常是随降雨、灌溉时的水传播。一般 4—6 月中、下旬开始发生，7—8 月扩展。枸杞根腐病的防治方法主要以农业防治和化学防治为主。栽植前要做好整地工作，使地面平整不积水。田间积水是增加发病率的重要原因，通气性差的土发病率比通气性好的沙壤土增加 9% ~ 22.5%；中耕作业造成根损伤有利于病原菌的入侵。

（4）防治方法

枸杞根腐病发生的环境因素主要取决于林地状况和农艺管理。水肥条件良好、栽培技术水平高、管理保护措施到位的地方发病较轻。地势低洼积水、土壤黏重、耕作粗放在枸杞产区易发病，多雨年份光照不足种植过密、修剪不当发病重。局部积水或灌水方法不合理，均能导致病害的发生。

①农业防治的措施。一是合理密植。栽植前要做好整地工作，使地面平整不积水。雨天要及时排水，严防渍水。合理密植，增大园内株间空隙，改善通风透光条件，降低园内湿度，创造不利于枸杞根腐病发生的环境条件。二是水肥管理。根据枸杞园的土、肥、水、气候条件以及枸杞不同生长发育阶段的需水需肥规律，结合合理排灌、科学施肥，保持土壤良好的通风透光性能和肥力水平。清园除草。三是清园。每年春季在树体萌动前，统一清除销毁园内、沟渠、田埂、林带间的病虫枝、野生杂草、枯枝落叶等，消灭初侵染源。春季5月中旬以前不铲园，以营造有利于根腐病病原菌天敌繁殖的环境；夏季结合整形修剪以及清园，去除过长枝和枯死苗，防止病菌的滋生和扩散。防止伤根。在清园除草和剪除根部过长枝时，避免碰伤根部。采用垄作和中耕时不伤根的农业措施，可以使枸杞根腐病的防治效果达74.4%。对园内行间和植株根围土进行翻晒，减少耕作层病虫来源。早期发现少数病株时应及时挖除，然后在病穴施入石灰消毒并暴晒，待翌年春季补栽健壮植株。

②化学防治的措施。一是药物灌根，药物灌根主要是将药物直接施于根系患病处，以提高药物的针对性。防治药剂以45%代森铵500~1000倍液和40%灭病威抑菌500~1000倍液的效果最好。发病初期，也可用50%多菌灵1000~1500倍液或者50%甲基硫菌灵1000~1500倍液浇灌根部。二是药物喷施，坚持采用对每株由下向上、由里向外的喷药方法，并对叶背面喷药，保证每株的枝条、叶片都喷到药。喷药量以枝条、叶片上喷雾药滴细小、均匀密布，但又不互相联合、不向下滴水为宜。在插条时可用高锰酸钾1000倍液淋施，插条成活后定期或不定期淋药，预防和控制病害。除用高锰酸钾溶液防治外，还可淋施15%混合氨基酸锌镁水剂500倍液或20%抗枯宁水剂600倍液，每7~10d淋施1次，连续3~4次。当发现枝条萎缩、叶片发黄、侧枝枯死的植株时要立即拔除，并用5%石灰乳对病穴进行消毒，以防蔓延。

9.2.15 菟丝子

菟丝子俗称缠丝子、黄缠、黄藤、没根草等。病原属于菟丝子科（旋花科 Convolvulaceae），菟丝子属。它是一种全寄生性种子植物。菟丝子分布于全国各地，宁夏、陕西、甘肃等省、自治区发生普遍。寄生于枸杞及多种树木上，对枸杞、果树和苗圃、幼林危害重，使叶片变黄或凋萎，甚至枯死。

（1）危害症状

菟丝子为害枸杞幼苗和幼树枝条，受害枸杞被橙黄色、黄白色或红褐色细丝缠绕，细丝柔软，随处生有吸器附着枸杞，靠吸器刺入树皮内吸收枸杞的水分和营养物质，致使枸杞叶片变黄，或凋萎，严重者使枸杞枝条干枯或整株死亡。

（2）病原

菟丝子是一种藤本植物，又名金灯藤。为害枸杞的菟丝子有 2 种，即日本菟丝子（*Cuscuta japonica* Cboisy）和中国菟丝子（*Cuscuta chinensis* Lam）。前者茎缠绕，较粗壮，黄色或淡紫红色，常带有紫红色瘤状斑点，无叶。花序穗状，基部多分枝；苞片及小苞片鳞片状，卵圆形；花萼碗状，裂片 5 片，卵圆形，常有紫红色瘤状斑点；花冠钟状，绿白色或淡红色，5 浅裂，裂片卵状三角形；雄蕊 5 枚，花药圆形，无花丝；鳞片 5 片，长圆形；雌蕊隐于花冠里，花柱长，合生为 1 枚，柱头 2 裂。蒴果卵圆形，有 1~2 粒种子，微绿色至微红色，种子一侧边缘向下延成鼻状，光滑，褐色。中国菟丝子与日本菟丝子相似，但缠绕茎细弱，橙黄色或黄白色，茎上无瘤状斑点。花白色。蒴果近球形，种子一侧边缘向下延伸成鼻状，但没有日本菟丝子显著。

（3）发生规律

菟丝子多发生在土壤比较潮湿的枸杞园、苗圃和灌木丛生之处。以种子在土壤中越冬，次年夏初发芽长出棒状黄色幼苗，当幼苗长至 10 cm 左右时，先端开始左旋转动，碰到树苗便缠绕，并产生吸器与树苗紧密结合，靠吸器在寄主体内吸收营养维持生活，然后下部假根枯死，脱离土壤，故又称"没根草"。幼茎不断伸长向上缠绕，先端与枸杞苗、枝条接触处不断产生吸器，并长出许多分枝，往往形成无根藤。同时开花结果，蒴果成熟后，种子散落土中越冬。

（4）防治方法

菟丝子主要以人工防治为主，配合药剂防治，在为害严重的地区，第 2 年播种育苗或用枝条扦插育苗前，或在枸杞行间、树盘下，进行深翻土壤，使菟丝子种子不能发芽出土。春末夏初发现有菟丝子为害时，组织人力连同寄主枝条一起刈除，集中烧毁或深埋，以防扩大蔓延。苗圃于播种、扦插前，或在枸杞行间、树盘下，用40%草甘膦药剂，均匀喷雾，喷后耙翻混入3~5 cm土层内，可杀死刚萌芽及未出土的菟丝子幼芽。菟丝子发生为害期，用48%甲草胺乳油125~150倍液喷雾。

除此之外还可以配合生物防治，菟丝子发生后，可将茎蔓打断造成伤口，喷洒生物菌剂，一般在雨后，或傍晚及阴天喷洒，间隔7~10 d喷1次，连续喷2~3次，防治效果比较好。

10 良种选育

10.1 黑果枸杞良种选育的意义

黑果枸杞（*Lycium ruthenicum* Murr.）是茄科枸杞属多年生灌木，适应性强，抗干旱，抗风沙，耐盐碱，耐贫瘠，耐高温，在 -25.6℃ 环境下无冻害，表现出良好的耐寒性。在漫长的荒漠植被演替中，以极强的抗性，表现出显著的优势，对维持干旱荒漠区脆弱的生态系统起着极为重要的作用。其浆果球形，皮薄，皮熟后呈紫黑色，果实里含丰富的紫红色素，极易溶于水，属于天然的水溶性花色苷黄酮类。黑果枸杞味甘，性平，其维生素、矿物质等营养成分含量丰富，同时具有清除自由基、抗氧化功能的天然的花色苷素，药用，保健价值远远高于普通红枸杞，被誉为"软黄金"。

黑果枸杞作为野生资源，人工引种时间较短，品种间良莠不齐，对黑果枸杞的研究还处于起步阶段，目前相关报道多集中在育种理论基础研究上，还没有推广的适宜品种。就野生品种而言，平均年株产干果不足 1 kg；有的品种产量虽高，但果实较小；有的品种果大且高产，但尚未被选育进行推广。实施选择育种，可以筛选并保留变异产生的优良植株特点，通过科学的方法培育出品质更优、适应性更强的优良品种。

准确地说选择育种（Breeding by selection）是指根据育种目标，在现有的天然或人工群体出现的自然变异类型中，通过单株选择或混合选择，选出优良的自然变异类型或个体，并通过品系比较试验、区域试验和生产试验培育农作物新品种的育种途径。选育的要点是根据既定的育种目标，从现有品种群体中选择优良个体，实现优中选优和连续选优。选择育种的方法很多，应用也较灵活，但归纳起来最基本的方法有 2 种，即单株选择和混合选择。用单株选择所育成的品种，由自然变异的 1 个个体繁育而成，故也称为系统育种；如经多代自交育成的纯系品种，又称为纯系育种（Pure line breeding）；采用混合选择育成品种的方法，则称为混合选择育种（Breeding by mass selection）。

选择育种是为生产需要提供新品种最基本、简易、快速而有效的育种方法。人们开始杂交育种以前的大多数栽培植物品种，都是通过选择育种这一途径创造出来的。选择育种有别于杂交育种、诱变育种等方法，它是以自然变异或现有品种在生产和繁殖过程中产生的变异作为选择材料，而杂交育种等则是由人工创造出变异，然后再进行选择培育而成的。选择育种无论采用系统育种还是混合法育种，都是利用自然变异进行优中选优，连续选优，育成新品种或对现有品种不断改良和提高。选择育种具有以下特点。

10.1.1 选择优株，简便有效

选择育种较之杂交育种，具有育种时间短、见效快的优点，它不像杂交育种那样，需经过开花、授粉、播种和杂种培育等繁杂过程及较长时间，而只要在现有的品种或变异类型中对单株的经济性状进行观测，就可以把优良单株选出来，从而大大缩短育种的周期。这种选择虽然是从表现型进行的，但选择的基础还是放在基因型上的，这是现今枸杞育种多采用单株选择的原因所在。

10.1.2 连续选优，遗传增益不断提高

一个比较纯的品种在广大地区长期的栽培过程中，产生新的变异，选育成新品种；新品种又不断变异，为进一步选择育种提供材料。

但选择育种也有一定的局限性，它只是从自然变异中选出优良个体，只能从现有变异中分离出优良基因型，不能有目的地创造新变异，产生新的基因型，选择率不高，应用连续个体选择时容易导致遗传基础贫乏，对复杂的条件适应能力差，改进提高的潜力有限等缺点。随着杂交育种等育种方法的广泛应用，选择育种的比重随之降低。尽管如此，选择育种在常规农林作物改良中仍具有不容忽视的重要作用。

在黑果枸杞实生苗栽种地里，自然变异中常见丰产、大果型的优良单株，它们的结果习性和产量、品质一样，有劣质低产的，也有优质丰产的。因此，在人工引进的生产园里，利用现有优良单株进行培育目标的选择，对

育成新品种，逐步实现黑果枸杞良种化，提高产量和质量具有重要意义。

10.2 优良种源区选择

种源或地理种源是取得种子或繁殖材料的原产地。将地理起源不同的种子或其他繁殖材料，放到一起所做的栽培对比试验，叫作种源试验。在种源试验的基础上，选择优良的种源，称为种源选择。

在世界上，朝鲜、日本、欧洲、俄罗斯西伯利亚地区、伊朗等国家和地区均有野生分布。在中国，野生黑果枸杞主要分布甘肃、青海、内蒙古、新疆、宁夏、西藏等西北地区，多生长在人类无法生存的荒山野岭、河床沙滩上，其中又以青海、甘肃、新疆、内蒙古和宁夏最为集中。野生黑果枸杞环境适应性极强，从高原高寒草甸、荒漠到低山丘陵的丛林都有分布。分布在不同区域的黑果枸杞，由于纬度、经度和海拔跨度大，可能因为分布区内雨型、日照长度、热量以及土壤等生态条件的不同，在自然选择与生态适应过程中，群体间在各种性状上发生了遗传分化，然后将这些不同群体种植到相同的环境条件下，会有不同表现，发生地理变异。这种变异有助于今后对黑果枸杞品种选择、杂交育种提供数据和原始材料。

鉴于黑果枸杞目前没有成熟的推广品种，结合工作实践，再根据其生产要求，初步提出黑果枸杞选种的指标主要考虑其丰产、果粒大、营养成分含量高、抗性强、易采摘等特点，具体要求如下。

①丰产性好是指产量应比常规品种增产 5%~15%。

②果实大是指千粒果重比常规品种增加 20%~30%。

③营养成分含量高，主要是黑果枸杞花青素、矿物质、维生素含量不低于常规品种含量或高于常规品种。

④抗性强是从生产要求提出来的，要求新品种对病虫害、干旱、盐碱、地下水位高的抗性强，适合栽种的地区广。

目前已知通过地区审定的黑果枸杞优良种源区种子品种包括 2015 年额济纳旗黑果枸杞种源区种子和 2012 年甘肃省永靖县黑果枸杞（母树林）。额济纳旗黑果枸杞优良种源区种子具有出苗率高，生长快速，性状较稳定，适应性抗性强的优良特性，因此以阿拉善盟林木种苗站及额济纳旗国营林场选育的额济纳旗黑果枸杞种源区种子为例，介绍黑果枸杞种源区选择技术。

10.2.1 选育指标体系

根据选育目标，在阿拉善盟天然集中分布的 60 万亩黑果枸杞中，依据树形、长势、树高、冠幅等基本量选择长势旺盛、无病虫害的黑果枸杞母树；待黑果枸杞母树种子成熟后，选择种实粒大，饱满，目测品相好的浆果人工采集后，制种做育苗用种。以苗高、地径、出苗率和成活率 4 项为判定指标，新疆库尔勒、青海诺木洪、甘肃民勤地区种源作为对比。

10.2.2 选育过程

（1）2013 年

3—8 月，对阿拉善盟黑果枸杞分布、树木长势等情况进行调查，通过调查发现，额济纳旗天然黑果枸杞长势较其他区域具有显著优异性，从中选择出一片长势好、无病虫害的天然黑果枸杞林，确定为额济纳旗黑果枸杞优良种源区。从中通过目测，依据树高、冠形、树形、新梢数等选育指标初步选择尽可能多的母树；调查初选母树在一年内的生长情况，选出同等立地条件下生长快、枝叶茂盛、抗虫、抗旱相对较好的母树，摘取二次筛选后的多棵母树果实，进行制种用于扩繁。

在实验室及大田对内蒙古额济纳旗种源区母树种子及青海、新疆、甘肃 4 个种源区的黑果枸杞种子进行发芽率测定；实验室内对不同种源黑果枸杞种子在室温下用纸床进行种子发芽试验，每个种源选择籽粒饱满的种子 100 粒，每隔 2 h 调查 1 次，连续观察分别记录发芽数直至连续 2 d 不再有新发芽情况出现为止，得出相同温度、湿度等条件下种子的发芽率。

2013 年底，开始黑果枸杞冬季容器育苗实验。在阿拉善盟左旗腰坝地区选取条件适宜的温室进行容器育苗，采用 10 cm×25 cm 的容器，将沙土和壤土按 1∶2 的比例混匀，装入容器，播种前将容器浇透。每个容器按 2~3 粒种子进行播种，将青海、新疆、甘肃、内蒙古额济纳 4 个种源区的种子在相同条件下种植，调查 4 个种源区种子的冬季容器苗生长情况。

（2）2014 年

3 月底，开始区域实验，将 2013 年冬季所育黑果枸杞容器苗按株行距 1 m×1 m，穴深 35~40 cm，栽植到额济纳旗达来呼布镇、阿拉善右旗雅布赖镇、阿拉善左旗锡林高勒盟 3 个立地条件不同的区域，观察 3 个地区 4 个种源区黑果枸杞冬季容器苗的生长情况。

4 月，在额济纳旗达来呼布、阿拉善盟左旗锡林高勒地区，使用新疆、青海、甘肃、内蒙古额济纳旗种源区的合格黑果枸杞种子进行大田育苗；按每亩地 1 kg 的下种量，采用条播覆膜方式进行大田育苗，当黑果枸杞苗出苗 1 个月后，将膜揭开，随机抽取调查发芽率调查不同立地条件下的 2 个实验点的出苗率、生长量等情况。

（3）2015 年

4 月初将 2014 年 4 个种源区黑果枸杞大田苗栽植到额济纳旗达来呼布、阿拉善右旗雅布赖、阿拉善左旗锡林高勒 3 个实验地，调查 4 个种源区黑果枸杞大田苗的成活率。

8 月开始调查栽植到 3 个实验点的 2013 年冬季容器苗保存率、生长量。

10.2.3 选育结果

通过冬季容器育苗、大田育苗、区域实验系统的对 4 个种源区黑果枸杞种子质量及对生境的适应性进行了对比分析后得出内蒙古额济纳旗种源区的黑果枸杞优于其他种源。具体表现如下。

第一，在发芽实验中，内蒙古额济纳旗种源区的发芽率达到 95%，而其余 3 种黑果枸杞苗发芽率均没有达到 90%。青海、新疆、甘肃三地平均发芽率分别为 83%、82%、79%；即额济纳旗种源区种子的平均发芽率高于其他种源区枸杞种子 12 个、13 个、16 个百分点。

第二，在冬季容器育苗和大田育苗时，内蒙古额济纳旗种源区的黑果枸杞发芽率和出苗率都比其他种源区黑果枸杞高。冬季育苗中，内蒙古额济纳旗种源区发芽率达到 95%，其余种则保持在 83%~90%。大田育苗中，在额济纳旗实验地，只有内蒙古额济纳旗种源区的黑果枸杞苗出苗率达到 80%，其余均保持在 70% 左右，表现出明显差异；在阿拉善左旗锡林高勒实验地，内蒙古额济纳旗种源区出苗率达 87%，其余种源发芽率维持在 70% 左右。

第三，在黑果枸杞苗木的各种生长指标的调查中，额济纳旗种源区的容器苗和大田苗苗高均高于其他种源黑果枸杞苗；平均地径也高于其他种源；平均苗高与最高苗高差异最小。即内蒙古额济纳旗种源区黑果枸杞性状较其他地区稳定。

第四，在区域试验中，冬季容器苗和大田苗栽植后，在额济纳旗、阿拉善右旗雅布赖、阿拉善左旗实验地中，内蒙古额济纳旗种源区的死亡株数均最少，成活率最高。

通过实验发现额济纳旗种源区黑果枸杞在 4 个种源黑果枸杞中表现出明显的优良性状。即产于内蒙古额济纳旗种源区的黑果枸杞具有稳定的性状，其种子发芽率高，育出的苗木生长快，越冬后死亡苗数较其他种源区黑果枸杞明显少，表现出良好适应性，造林后成活率、保存率、生长量均良好，内蒙古额济纳旗种源区天然黑果枸杞林适宜做黑果枸杞采种基地并需要作为黑果枸杞优良种质资源地加以保护。

10.3　黑果枸杞优良家系培育

家系选育是育种所用的一种选育方法，是由一个个体产生的后代（根据母本而不是根据父本来判别），通过不同程度的同系交配产生家系，再分别进行繁育，然后在家系间进行选择。

混合选择是从天然群体或人工栽培群体中，根据一定的表型性状（如成熟期、株型、品质、产量性状、抗性等），选出具有相对一致性状的一些优良单株，混合采集种子或穗条，混合繁殖与原品种和标准品种进行比较的一种选择方法。

同单株选择法一样，混合选择可以只进行一次，即所谓一次混合选择法（图 10-1），也可以连续进行多次，即所谓多次混合选择法（图 10-2）。选择次数的多少，取决于一个混合选择小区内的所有植株在育种目标所要求的性状是否一致。在选择的过程中，当发现某一小区内的所有植株表现优良而且性状又比较一致时，就可以停止混合选择。

混合选择法的优点：方法简便易行，可在较短的时间内就从原有品种群体中分离出优良类型，迅速获得大量种子，解决实际生产需要。另外混合选择把品种群体基本类型的优良单株选出，既能保持品种种性，又能达到不断

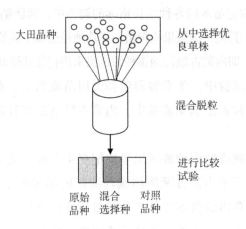

图 10-1　一次混合选择法

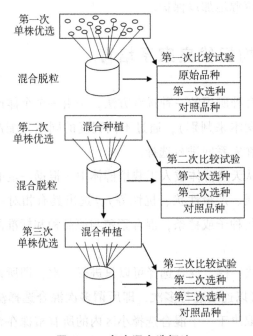

图 10-2　多次混合选择法

提高品种种性、提纯复壮的目的。对于黑果枸杞异花授粉作物而言，混合选择还可保持群体一定程度的异质性，不会导致遗传基础贫乏，引起生活力衰退。

　　但是，混合选择法对当选单株混合采集繁殖材料、混合种植，不能根据后代植株的表现，分别鉴定各当选植株的优劣，因此也就不能准确而彻底地淘汰误选的不良个体后裔。这就是混合选择法的选择效果不如单株选择法的原因所在，也是混合选择法的主要缺点。

由于单株选择法和混合选择法各有优点和不足，在黑果枸杞育种实践中，根据实际情况考虑将 2 种基本方法综合应用，可采用改良混合选择法（图 10-3）。

选种时，先对某个需要进行选择的原始群体，进行几次混合选择，待性状比较一致后，从中选择优良单株，分系进行鉴定比较，选择出优良株系，混合脱粒，保存，下年或下代继续比较选择培育成新品种。另外，也可先进行单株选择，分系鉴定，然后对优良而又一致的多个单株后代混合脱粒，进行繁殖。前一种方法一般应用在原始群体比较混杂的情况（如黑果枸杞野生品种的选育），后一种方法大多用于良种繁育中生产原种，即"单株选择，分系比较，混系繁殖"。

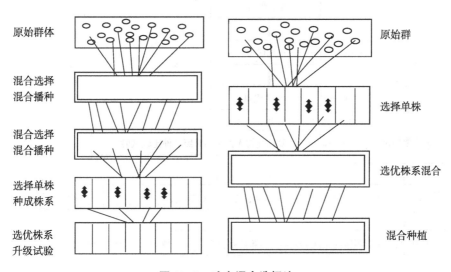

图 10-3　改良混合选择法

10.4　黑果枸杞优良单株选择

单株选择又称为个体选择，即选优良单株，优良单株也叫优势树。所谓"优势树"，就是指它的某些性状明显超过同样条件下同龄树的单株，它根据选择目标，按外表特征，进行经济性状比较，把优良的单株选出来，采集枝条繁殖苗木，进行子代测定。利用植物营养器官进行繁殖，它的"亲代"与"子代"、个体与个体之间在性状上总是表现一致的，它不会因为枸杞是异花授粉植物，基因型是异质结合，在子代中表现分离。因此，从这点来说，一个无性繁殖系，也就相当一个纯系。我们可把选出的优良单株经过无性繁殖培育成新品种（采用一次选择法）。单株选择法较其他如混合选择法精确，是枸杞生产实践中最常用的方法。优质高产的红枸杞新品种宁杞 1号、宁杞 2 号就是钟鉎元等采用此法从当地最优的当家品种中选育出来的（图 10-4）。优势树的选择方法有几种，但比较精确的是优势树对比法。而优势树对比法，以优势树选取多少为依据，分为 3 株优势树和 4 株优势树对比法，一般 3 株优势树的平均产量要比 4 株优势树高，因此，常规枸杞育种中，常采用 3 株优势树对比法。

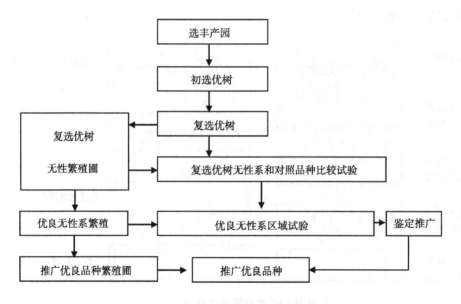

图 10-4 宁杞 1 号选育程序示意

3 株优势树对比法的育种方法和步骤主要如下。

①选丰产枸杞园。通过对枸杞种植户的访问，查清枸杞园的基本情况，选出历年来产量高，品质好，树冠整齐，品种较纯的优良品种的成年枸杞园。

②初选优势树。在丰产园里采用3株优势树对比法初选优势树。采用目测法，目测选取1株树冠最大，结果枝最多，无病虫害的单株作初选优势树，然后在初选优势树周围10 m范围内再选3株树冠大小和结果枝量仅次于实选优势树的大树作优势树，对它们进行产量、果实千粒重等方面的比较。当初选优势树全年产量比3株优势树平均增产25%以上，鲜果千粒重高于优势树平均值时，则初选优势树合格。

③复选优势树。经过初选出的优势树，再经2年产量和千粒重的测定对照，若复选优势树能保持初选时的各项指标，则复选合格，不合格者应淘汰。

复选优势树无性系小区品比试验。复选出的优势树进行无性繁殖（一般用枝条扦插育苗）后，选用有代表性的土地，在田间栽培管理一致的条件下进行无性系小区品比试验，以当地最优枸杞品种的同龄无性系苗作对照，进行3~5年产量、果实大小、营养成分和结果性等比较，从中选出最优株系，扦插育苗后作区试。

区域化试验。经过小区品比试验，筛选出比较优良的株系后，进行无性繁殖苗木，然后送到不同地区进行小区品比试验，用当地的当家品种作对照，进一步了解它们的适应性和栽培点。经过3~5年的经济性状比较，如产量和果实质量都优于对照品种，则可作为株系选出来。如果种苗数量充足，可以把小区品比试验同区域试验同时进行，这样可缩短育种时间，加速良种推广。

鉴定推广。根据5~8年的小区品比试验数据，进行数理分析和评比，把经济性状优良的株系选出来，经专家鉴定，命名为新品种后推广。

枸杞单株选优育种，还需建立一套苗木无性繁殖系统，进行组织培养或枝条扦插等繁殖。从育苗材料的来源分，苗木繁殖圃大致可以分为3种：一是复选优势树无性繁殖，是复选出的优势树枝条扦插育苗的圃地；二是优良无性系繁殖圃，经过小区试验后选出的优良无性系的枝条扦插育苗的圃地。这里的苗木可供区域试验；三是推广优良品种繁殖圃，经试验评比选出的最优无性系定名后，采其枝条在这里扦插繁殖，得到的苗木可以在各地推广应用。

单株选择虽然是育种常用防范，但是也有不足之处。当选的单株分别种植成株系和鉴定评价，费时、费工、占地多。就黑果枸杞的选育而言，由于育成的品种来自一个单株，要使性状稳定遗传，必须采用无性繁殖，材料少，需经多次繁殖试验才能获得生产所需的子代苗量，因而繁殖年限较长，推广应用较慢。

10.5　黑果枸杞优良无性系培育

无性系苗木培育作为苗木繁育的方式之一，不仅可以继承亲本的优良特性，不发生性状分离，而且具备当年可挂果，经济寿命长，对土壤、降水的环境条件要求较低，栽植后易于管理，适宜种植区域广泛等优点，同时可以有效避免因随意引种带来的栽植成活率低、结实量小、果实品质差等缺点。因此，选育出生长旺盛、产量高、品质好、易管理的黑果枸杞品种对于推广无性系培育就显得极为重要。

目前已知通过地区审定的黑果枸杞优良品种包括2015年额济纳旗黑果枸杞种源区种子和2012年甘肃省永靖县黑果枸杞（母树林）。额济纳旗无性系黑果枸杞具有长势旺盛、单株产量高、稳定，果粒大、整齐、结果枝多的特点，因此以额济纳旗黑果枸杞种源区种子为例，介绍黑果枸杞无性系培育技术。

10.5.1　选育指标体系

根据选育目标，优势树选择采用5株优势树对比法作为数量评价指标进行筛选，数量评价指标为树高、冠幅、鲜果横纵径、鲜果单粒重、单株产量，入选标准是候选树比5株优势树的鲜果单粒重、单株产量平均值高10%以上；优势树确定后，以无性繁殖成活率为因子进行淘汰筛选；区域对比试验，采用树高、冠幅、鲜果横纵径、鲜果单粒重、单株产量平均值比较法进行对比。

10.5.2　选育过程

10.5.2.1　优势树选择

2013年5—9月，对阿拉善盟全境黑果枸杞分布、树木长势等情况进行调查，在对额济纳旗黑果枸杞进行全线考察对比后，选择出一片长势好、无

病虫害的天然黑果枸杞林，确定为黑果枸杞优良种源区。通过目测选择 30
株树冠大，冠形好，结果枝多，果粒大，果实整齐的候选优势树，定为"初
选标准树"，并编号。然后再选 5 株树冠大小、结果枝量和果粒大小无明显
差别的单株作对比优势树。对初选标准树和优势树的数量评价指标进行测定
（表 10-1），根据选育指标体系，共有 7 株初选标准树各指标值高于 5 株优
势树，各数量指标平均值高 10%以上，数量指标合格，被确定为优势树，分
别是 3 号、7 号、10 号、16 号、20 号、25 号、30 号。

表 10-1 初选标准树数量评价指标测定情况

测定树号	数量评价指标					
	树高（cm）	冠幅（cm）	鲜果纵径（cm）	鲜果横径（cm）	鲜果单粒重（g）	单株产量（kg）
1	80	79×81	0.500	0.510	0.272	1.91
2	84	70×83	0.480	0.430	0.257	1.67
3	201	150×110	0.430	0.450	0.398	3.20
4	72	60×75	0.360	0.490	0.205	1.49
5	88	99×80	0.510	0.420	0.218	1.53
6	88	79×100	0.420	0.390	0.226	1.68
7	105	90×85	0.520	0.560	0.396	3.10
8	74	80×75	0.490	0.440	0.215	1.51
9	69	60×66	0.600	0.520	0.392	1.43
10	92	87×89	0.470	0.510	0.405	3.15
11	87	88×60	0.360	0.490	0.307	2.15
12	73	95×96	0.430	0.450	0.234	1.64
13	80	90×85	0.410	0.400	0.261	1.83
14	76	77×85	0.460	0.440	0.277	1.94
15	70	79×81	0.400	0.420	0.318	2.06
16	99	108×100	0.530	0.590	0.453	3.17
17	83	80×90	0.460	0.430	0.312	2.03
18	87	98×86	0.410	0.430	0.296	2.07
19	86	74×86	0.340	0.410	0.252	1.76
20	97	95×82	0.560	0.570	0.434	3.26
21	90	73×91	0.450	0.390	0.280	1.97
22	68	80×76	0.320	0.390	0.202	1.41
23	83	95×96	0.390	0.340	0.215	1.61

(续表)

测定树号	数量评价指标					
	树高 （cm）	冠幅 （cm）	鲜果纵径 （cm）	鲜果横径 （cm）	鲜果单粒重 （g）	单株产量 （kg）
24	72	88×79	0.350	0.340	0.238	1.66
25	102	90×92	0.470	0.460	0.420	3.15
26	66	74×81	0.320	0.390	0.238	1.54
27	89	98×87	0.360	0.490	0.311	2.18
28	82	71×82	0.480	0.490	0.246	1.72
29	77	57×67	0.410	0.350	0.243	1.61
30	98	74×83	0.500	0.510	0.448	3.14
优势树均值	83	63×75	0.450	0.460	0.357	2.80
优势树入选标准	91	69×82	0.495	0.506	0.393	3.08

10.5.2.2　无性扩繁

2014年3月，将7株优势树的枝条通过硬质扦插进行繁殖；6月，用硬质扦插苗木的枝条作为繁殖材料进行第一次嫩枝扦插。8月，用第一次嫩枝扦插苗木的枝条作为繁殖材料进行第二次嫩枝扦插。采用随机区组设计，每100株插穗为一区，3个重复。10月，对优良单株的无性扩繁成活率进行测定，每个重复随机调查5株苗高、地径、主根长。根据调查情况（表10-2），高于总平均成活率75.7%的无性系有3个，分别是3号86.7%，7号95.6%，16号88.9%，成活率超过85%，且3个无性系的苗高、地径、主根长3个指标相对突出，被确定为优良无性系。

表10-2　无性繁殖调查情况

优势树	成活率 （%）	苗高 （cm）	地径 （cm）	主根长 （cm）
3	86.7	48.4	0.37	43.1
7	95.6	49.4	0.38	44.6
10	53.4	46.1	0.36	40.5
16	88.9	48.1	0.38	44.3
20	69.3	47.6	0.37	43.0
25	75.7	45.1	0.36	44.1

（续表）

优势树	成活率 （%）	苗高 （cm）	地径 （cm）	主根长 （cm）
30	60.3	43.2	0.34	42.7
平均值	75.7	46.8	0.37	43.2

10.5.3 选育结果

通过优势树选择和无性扩繁，最终选出 3 个无性系，将其重新命名为'居延黑杞 1 号'，'居延黑杞 2 号'，'居延黑杞 3 号'。其中又以'居延黑杞 1 号'在适应性、抗逆性、产量上表现最佳，因此本书重点介绍'居延黑杞 1 号'在植物学、生态学及经济价值方面的特点。

10.5.3.1 植物学特征

'居延黑杞 1 号'为多棘刺灌木，分枝白色或灰白色，有不规则的纵条纹，小枝顶端渐尖成棘刺状，节间短缩，每节有 0.2~1.5 cm 的短棘刺；短枝位于棘刺两侧，在幼枝上不明显，在老枝上则呈瘤状，生有簇生叶或花、叶同时簇生，更老的枝则短枝呈不生叶的瘤状凸起。叶 2~6 枚簇生于短枝上，在幼枝上则单叶互生，肥厚肉质，近无柄，条形、条状披针形或条状倒披针形，有时呈狭披针形，顶端钝圆，基部渐狭，两侧有时稍向下卷，中脉不明显，长 0.5~3 cm，宽 2~7 mm。花期 5—8 月，1~2 朵生于短枝上；花梗细瘦，长 0.5~1 cm。花萼狭钟状，长 4~5 mm，果实稍膨大成半球状，包围于果实中下部，不规则 2~4 浅裂，裂片膜质，边缘有稀疏缘毛；花冠漏斗状，浅紫色，长约 1.2 cm，筒部向檐部稍扩大，5 浅裂，裂片矩圆状卵形，长为筒部的 1/2~1/3，无缘毛，耳片不明显；雄蕊稍伸出花冠，着生于花冠筒中部，花丝离基部稍上处有疏绒毛，同样在花冠内壁等高处亦有稀疏绒毛；花柱与雄蕊近等长。种子肾形，褐色，长 1.5 mm，宽 2 mm。果期 6—10 月，浆果紫黑色，果粒大，球状，有时顶端稍凹陷，横纵经 5 mm×5 mm。

'居延黑杞 1 号'适应性很强，能忍耐 38.5℃高温，耐寒性亦很强，在-25.6℃下无冻害；耐干旱，在荒漠地仍能生长。喜光树种，全光照下发育健壮，在庇荫下生长细弱，花果极少。耐盐碱能力强，且有较强的吸盐能力；但在高温高湿且通风条件差的环境下，易产生病害。

10.5.3.2　生态学特征

'居延黑杞1号'抗逆性、适应性强，根系发达，根蘖性强，具有生长快、寿命长、耐干旱、耐盐碱、耐瘠薄、耐地表高温和耐水湿，耐风吹、露根及沙埋，繁殖较容易，有生长不定根的能力等特点，能笼络地表沙粒，固定流沙，可调节地表径流，固持土壤，起到水土保持的作用。还可降低风速、防止和减缓风蚀、固定沙地，改善土壤盐分。

11　产品开发

黑果枸杞是一种含有丰富花色苷、多糖和黄酮等活性成分的中国独有的茄科植物，具有降血糖、降脂、抗氧化的作用。黑果枸杞大多用于鲜食或简单加工，其加工技术的单一使黑果枸杞很难充分发挥其有效的作用。目前关于黑果枸杞的深加工产品有如下几种。

11.1　黑果枸杞干果茶

很多北方人是比较喜欢吃枸杞的，不管是枸杞在做饭之中加入一些，还是在熬粥的时候放入一些，有促进血液循环代谢的功效与作用，长期食用也能提高身体免疫力和抵抗力。对于女性来讲多吃一些枸杞、红枣、阿胶，能够让气色变得更加红润，也能改变气色苍白以及身体贫血症的问题。黑果枸杞的功效与作用明显优于红枸杞，价格也要比普通的红枸杞更高，所以在每次泡水的时候放入 2~3 颗即可，待颜色呈现墨蓝色之后就可以直接饮用了，但是水变冷之后就不宜饮用，这样会给肠道带来一定的吸收困难。因此在泡水的时候务必要保持 80℃ 以上的水温，这样才能够让黑果枸杞当中的精华原液完全地释放出来，被人体吸收之后才能够产生更好的功效，泡水喝的过程当中也可以加入党参或者是桂圆等草本植物进行调和味道，也能够让营养物质更加均衡。

目前，许多企业对黑果枸杞干果进行了加工和包装，目前市面上销售的品牌有产自宁夏回族自治区银川市的杞里香、青海省西宁市的诚滋堂、聚三江、青海省格尔木市的东韵、青海省海西蒙古族藏族自治州的传春堂和半山农、新疆维吾尔自治区巴音郭楞蒙古自治州的德杞汇等品牌，许多包装成精美的礼盒，已经成为逢年过节馈赠亲人朋友的佳品。

黑果枸杞干果的制作工艺一般采用 2 种方法，一种是自然晾干法，另一种是冻干法。自然晾干法是传统的干果加工方法，可以锁住鲜果中含有的部分营养物质，但由于在 0℃ 以上的环境操作，一般获得的产品体积缩小、质地变硬、有些物质发生了氧化、一些易挥发的物质会损失掉、一些热敏性的物质如蛋白质和维生素等失去活力，微生物失去活性等问题，再加上加工所需时间长、空间大，在晾晒过程中也极易产生霉变，影响干果品质，黑果枸杞果实易破损，在自然晾晒过程中翻动容易造成果实变形破损，因此此种方法逐渐被淘汰，仅适用于小规模加工。随着科学技术不断发展，冻干技术越来越受到果品加工企业的青睐。水果冻干技术的原理就是水的液、气、固的三态变化过程，通过冻干机设备预先将新鲜水果在低温下预冻，让其里面水分冻结成固态冰晶态，再在真空环境下，控制温度使得固态冰晶变成气态，从水果表皮气孔升华出来，通过抽真空方式，将气态的水分捕捉到冻干机的冷阱中，从而得到冻干水果。采用冻干技术加工的黑果枸杞干果色泽、香味、形态和营养价值几乎不变，而保质期变更长，加水后可很快复原，不仅加工效率高，干果的营养物质也保存得较好，干果品质更好。

11.2　黑果枸杞果酒

　　果酒是一种以新鲜水果或果汁为原料，酿酒酵母利用水果本身的糖分或者另加入的糖（Mitropoulou，2011），经发酵、澄清、陈酿等诸多流程生产出来的含有酒精的饮料（梁艳玲，2022）。典型的果酒不仅能够保留原有水果的风味，还包含了丰富的营养成分，如人体所需氨基酸、蛋白质、矿物质等，在经过酵母的发酵分解，果酒中会生成一些醇类、酯类化合物。据《中国果酒行业发展现状分析与市场前景预测报告》中显示，世界上果酒占饮料酒的比例为 15%~20%，我国果酒仅占饮料酒的 1% 不到。中国地大物博，水果资源异常丰富，但是除葡萄以外的果酒占有的市场份额是少之又少，大部分以鲜食为主，随着果酒行业的兴起，我国的水果深加工行业不断拓宽，不仅有利于粮食的节约，还有利于水果资源的开发利用。

　　黑果枸杞富含蛋白质、多酚和多糖等营养成分，尤其富含花色苷，是一种理想的食、药用资源，黑果枸杞抗氧化能力强，矿物质含量丰富，药用保健价值相当可观。而我国对果酒产品、黑果枸杞本身的研究众多，对深加工的黑果枸杞果酒工艺研究却少之又少，黑果枸杞果酒发酵的原料保存、专用酵母的选育、黑果枸杞果酒影响因素、生产标准化等问题目前仍然处在攻坚期，使得黑果枸杞果酒实际经济效应并未凸显。

目前对于黑果枸杞发酵酒的研究方法分3种。第一种为黑果枸杞高度浸渍酒，杨小峰等（2021）以大米、高粱等出酒率较高的粮食为原料，将黑果枸杞粉末浸泡其中，制成一款花青素酒。第二种为黑果枸杞发酵酒，是以黑果枸杞干果为原料经复水浸泡发酵而成的酒精饮料，其酒精度低，保留了枸杞原有的多糖、氨基酸和矿物质等，具有调节人体新陈代谢、促进血液循环、控制体内胆固醇水平、抗衰老等医疗保健作用。第三种是黑果枸杞复合果酒，黑果枸杞复合酒是黑果枸杞添加其他水果、蔬菜和粮食等为原料，进行混合发酵过程而得到的一种果酒，有效改善了黑果枸杞果酒的口感、香气成分及营养成分。李文新等利用新疆黑果枸杞和和田红葡萄为酿造原料，研究了黑果枸杞复合果酒的酿造工艺。罗铁柱在黑果枸杞干果中添加传统中草药和营养成分，并调整其种类和含量，以改善黑果枸杞酒的营养价值。徐世清提出黑果枸杞猕猴桃复合果酒及制备方法。史晓华等以仙人掌果、黑果枸杞为原料制作复合果酒，通过单因素与正交试验，确定了复合果酒的最佳工艺。邓清祥等以宁夏黑果枸杞和苦荞为原料，采用固化酵母的发酵方式酿造黑果枸杞苦荞复合酒并采取响应面法确定其最佳工艺。

黑果枸杞果酒的功效较多，黑果枸杞含有多种氨基酸和微量元素，对维持人体正常的生理作用具有重要作用，具有增强体质、保护肝脏、明目、抗衰老等功效及作用，大多数人群都适合饮用黑果枸杞酒。

随着社会经济的不断发展，人们对果酒保健能力的追求，黑果枸杞丰富的营养价值、独特的风味口感、顽强的生存能力势必使其有巨大的发展空间。利用黑果枸杞来酿造果酒，既可以满足消费者的需求，又符合国家对农业及西部的政策支持，优化黑果枸杞果酒的发酵工艺，责任重大。

11.3 黑果枸杞汁

黑果枸杞汁是一种保健功能很好的天然食材，由于黑果枸杞鲜果的保鲜时间短，不能长途运输，除部分制干外，黑果枸杞饮料大多采用将黑果枸杞制成果汁的形式添加到其他的食材中，供人们食用。但是，黑果枸杞加工成果汁的过程中，由于空气中氧气的作用，往往发生氧化，造成营养素成分的损失，而且黑果枸杞汁的保存时间短，延长保质期必须要杀菌，由于黑果枸杞原浆富含花青素，对温度特别敏感，过高的杀菌温度，会使黑果枸杞中的营养物质失去活性，而又考虑保质期问题，获取一种既能延长保质期又使黑果枸杞原浆不能失去活性、不褐变的工艺技术发明尤为重要。为此，黑果枸杞榨汁的方法显得尤为重要。

学者们已逐渐开始对黑果枸杞的深加工技术开展探索研究。目前，最常见的深加工产品即为黑果枸杞制成的果汁及黑果枸杞饮料，黄青松通过抗氧化剂的添加延长了黑果枸杞鲜汁保存期，最大程度地保持黑果枸杞中花青素的活性。朱梅琴以红枣、黑果枸杞和人参果为主要原料，利用响应面法优化工艺条件，研制一种复合果汁饮料。

黑果枸杞果汁制备方法一般包括如下步骤：选择，淋洗，榨汁，澄清过滤，浓缩，灌装，即得产品。黑果枸杞浓缩果汁制备方法采用真空减压浓缩装置进行浓缩，并且采用低温浓缩，不会破坏黑果枸杞的天然营养成分，可使黑果枸杞的天然营养价值和药用价值得到充分发挥。

黑果枸杞汁除具备黑果枸杞一般功效外，黑果枸杞汁还有滋阴润肺的作用，对一些老年患者或阴虚体质的人有一定的调理作用，如腰酸、腰痛、头晕、耳鸣、肾阴虚耳聋，或肾阴虚火盛、潮热、盗汗、手足心热等。枸杞还可以作为辅助治疗因肺阴虚弱引起的干咳、少痰或少痰黏滞等症状的药物。此外，传统中医认为肝肾同源，而肝肾储存血液和精髓。因此，也可以用来调节因肝血不足引起的肋骨疼痛、眼睛干燥和视力模糊的症状。由于黑果枸杞汁具有较好的药用价值和甘甜口感，易于被大众接受，所以具有广阔的开发应用前景。2016年，内蒙古天润泽生态技术有限公司与内蒙古宇航人高科技有限公司联合开展了黑果枸杞果汁饮料、黑果枸杞沙棘复合饮料、黑果枸杞口服液的开发研制工作，并完成黑果枸杞果汁饮料、黑果枸杞沙棘复合果汁饮料和黑果枸杞口服液工艺过程研究。

11.4 黑果枸杞果粉及其制品

黑果枸杞具有强肾润肺、明目健胃、抗衰老等作用，除富含多糖和多酚等活性物质外，黑果枸杞还含有丰富的花青素，是珍稀的天然花色苷类色素资源，大量研究表明花青素具有抗氧化活性、抗心血管疾病、抗炎及抗肿瘤等生理功能和药理活性，具有多种保健和药用功能。花青素分子的较高活性，不稳定性很强，光、热等因素都易使其破坏，加工处理方式和储存条件都对花青素含量有明显影响。热加工不仅导致花青素降解，会引起花青素单体聚合、氧化，从而导致褐变，致使天然蓝紫色消失，失去天然颜色的特征。黑果枸杞果粉由于可以用于药品、保健食品、化妆品和特色食品开发，是重要的中间体原料，所以有极为广阔的市场前景。杨冬彦等对以黑果枸杞干果为原料制成的黑果枸杞速溶粉进行了营养成分分析和体外抗氧化活性测定，结果显示，采用高效液相色谱柱后衍生的方法测得速溶粉含有 17 种氨基酸，其中天冬氨酸含量最高；并采用亚硝酸钠-硝酸铝法、香草醛-浓盐酸法、苯酚-硫酸法、pH 示差法测定了速溶粉中黄酮、原花青素、多糖、花色苷的含量，分别为 6.02%，2.88%，6.88% 和 1.40%，通过 HPLC-DAD 分析得出速溶粉中含有多种花色苷，其中 2 种主要的花色苷为天竺葵素-3-O-二葡糖苷和天竺葵素-3-O 葡萄糖苷。速溶粉具有较强的还原能力，可显著清除 ABTS$^+$· 和 DPPH · 2 种自由基，IC$_{50}$（半抑制浓度）分别为 0.077 mg/mL 和 0.061 mg/mL，表现出良好的体外抗氧化活性。因此，黑果枸杞粉不仅含有丰富的花色苷，还含有丰富的氨基酸、黄酮等其他营养物质，并具有很好的抗氧化活性，为黑果枸杞粉及其制品的产品开发提供了理论依据。

目前市场上黑果枸杞产品主要是黑果枸杞干果，采用温水浸泡后服用，但该法由于浸泡时间长，营养成分摄取不完全，还会由于温度过高而破坏黑果枸杞中的花青素。近年来欧美国家、日本、韩国等国家以青藏高原天然无污染的生物资源为原料开发出的特色产品需求量日益提高，青海佳禾生物工程有限公司已经和欧洲多国建立了黑果枸杞、沙棘、白刺等特色生物资源产品的商贸关系，并已实现产品出口，得到了用户的好评，用户用这些中间体产品开发出了多种特色产品，表现出了良好的市场前景。

周文凯等以黑果枸杞干果全粉为主要原料，辅以抗龋齿、改善胃肠功能的功能性甜味剂木糖醇，通过湿法制粒压片，常温制备咀嚼片；此工艺能够减少花青素的损失，使黑果枸杞的有效成分得到充分利用，还避免了单纯提取造成其他营养成分的浪费，研制的黑果枸杞咀嚼片是很好的休闲保健食品。新疆超越歆生物科技有限公司以吉木萨尔县特色农产品黑果枸杞和沙棘售后小次果为原料制作而成的流行绿色食品，保留了原料的营养及功能成分，并具有冲饮携带方便、遇水速溶、无添加剂、农药残留少、易于调节浓淡或容易同其他食品调配的特点。杨小峰等以大米、高粱等出酒率较高的粮食为原料，酿制出 40°~65° 原浆酒作为基准酒，500 g 酒中加入黑果枸杞粉末的质量为 15 g 左右，制成一款花青素酒，此款花青素酒花青素稳定，营养流失少。宿婧等以黑果枸杞粉、异麦芽酮糖醇、甘露醇、甜菊糖苷、苹果酸为原料，硬脂酸镁为润滑剂，研制出了无糖型黑果枸杞果片。邓楷等对黑果枸杞超微粉全粉压片最佳工艺进行探究，结果显示黑果枸杞粉末最适辅料为微晶纤维素 SH102 型、无水乳糖、微粉硅胶，最佳工艺条件为微晶纤维素添加量 29.56%，无水乳糖添加量 26.91%，微粉硅胶添加量 6.24%。低温低湿状态下制成的片剂质量评分佳，加入辅料后的片比不加辅料的片在贮存运输中更具有优势。叶英等选取水溶性淀粉和聚乙二醇为辅料、黑果枸杞提取液喷雾干燥，95% 的乙醇湿法制粒，压片压力为 4 000 N，环境湿度小于 50% 时，得到了较为理想的黑果枸杞片。

综上所述，黑果枸杞粉作为产品的一种中间形态，可以与各种食品添加剂混合而成许多保健产品，其市场潜力巨大。目前市场上以黑果枸杞粉为原料的产品已经有纯黑果枸杞粉、黑果枸杞矿泉水，以及与桑葚、黑芝麻、黑米和黑豆等搭配而成阿胶糕、黑果枸杞早餐粉、七黑核桃粉、五黑粉等。

11.5 美容产品

黑果枸杞中含有丰富的营养物质，尤其富含原花青素，而原花青素作为一种天然的抗氧化剂及自由基清除剂，具有抗衰老、抗炎症、抗辐射等多种药理学活性，在保障人的身体健康方面发挥着重要的作用。在《四部医典》和《维吾尔药志》中记载，黑果枸杞可以调理女性的月经不调、停经，肾虚出现的腰膝酸软、乏力，肺燥出现的咳嗽、口干，对于身体能够补血、安神、明目，有延年益寿的功效。民间则认为黑果枸杞是强大的滋补品，可抗癌、降"三高"、抗氧化、预防心血管疾病、防辐射和预防心脑血管疾病等。因为黑果枸杞价格高、养生功效多，称其为"软黄金""口服化妆品"。青海大学附属医院对黑果枸杞中花青素对小鼠皮肤衰老的机制进行了研究，采用颈背皮下注射 D-半乳糖联合 UV（UVA+UVB）照射的方法建立了新型的皮肤衰老小鼠模型，比起以往文献报道中单一使用 D-半乳糖或 UVB 照射的办法所建立的衰老模型，能够更加全面地模拟皮肤衰老的真实自然状态，为进一步探讨黑果枸杞原花青素对由内外因素共同引起的皮肤老化的保护与治疗作用提供了理论支撑。许多学者也在此领域进行了研究，结果表明，黑果枸杞中提取的花青素能够提高肝细胞的抗氧化活力，并对细胞的氧化损伤具有保护作用。通过体外抗氧化试验研究黑果枸杞原花青素的抗氧化活性，发现黑果枸杞原花青素在较低的浓度下就具有较高的 DPPH 自由基、·OH 自由基清除率，其总抗氧化能力与维生素 C 相当（谭永鹏，2021）。柴达木黑果枸杞花青素可抑制 UVB 辐射诱导 HSFs 的早衰进程，具有光保护作用，其分子机制可能是通过下调 p53、p21 的表达水平减轻 HSFs 的紫外线损伤。黑果枸杞原花青素可以降低小鼠衰老皮肤组织中 MMP-1、MMP-3 及 EGFR 的 mRNA 表达水平，且其表达水平降低程度要大于同等剂量维生素 E 干预后表达水平的降低程度，表明了黑果枸杞原花青素是一种较强的抗氧化剂，在延缓皮肤的衰老方面有一定的功效。青海黑果枸杞原花青素通过修复小鼠皮肤衰老模型的皮肤表皮角质层及真皮层胶原纤维，具有抗衰老作用。以上研究结果都为黑果枸杞花青素对皮肤的抗氧化和抗衰老作用提供了理论支撑，对黑果枸杞进一步开发利用具有重要学术价值。

目前市场上用于黑果枸杞保健养生、美容养颜的产品主要是以干果泡水来达到目的，专门开发成美容产品的黑果枸杞少之又少，宁夏农林科学院枸杞工程技术研究所开发了一款黑果枸杞色苷功能面膜，该产品是针对目前黑果枸杞干果加工利用率不高，产品单一问题，以丰富深加工产品，提升黑果枸杞附加值为目标，采用优质黑果枸杞干果为原料，研制开发而成的枸杞功能护肤品，该产品具有抗氧化活性功能，是高效利用黑果枸杞中的黄金——花青素这一纯天然抗衰老营养补充剂，创造绿色、天然的新型美容护肤品，对于化妆品行业具有广泛的实用性和开发价值，同时也为黑果枸杞资源的开发利用开辟了新的途径。更多关于黑果枸杞美容产品的开发还有待广大科研工作者继续努力，研制出附加值更高的黑果枸杞美容产品，为黑果枸杞进一步深加工提供更多可能性。

11.6　天然色素

色素是指一类使有机体呈现不同颜色的物质，包括天然色素和合成色素两大类。因色素具有着色效果，被广泛用于食品添加剂和纺织染料等行业，部分色素因其具有某些特殊的生物活性，也常被应用于保健品和化妆品行业。人类最先接触并利用的都是天然色素，天然色素主要来源于植物、动物和微生物。但自人工合成色素进入市场以来，因其价格廉价而又产量丰富的特点，迅速替代了容易变质且价格昂贵的天然色素，成为市场红极一时的宠儿。但近年来合成色素的毒性或副作用逐渐被人们所认知，再加上本身营养价值较低，越来越多的研究进而转投到天然色素上来。开发新的天然色素资源，提高天然色素的产量和质量成为目前的重要研究方向。

近年来对天然色素进行了深入研究，发现其具有特殊的生物活性，例如增强心血管活性、抗致癌致突变活性、抗氧化及抗菌活性、酶抑制活性、抗炎活性等多种功能，目前已广泛应用于化妆品、保健品和食品等行业，在世界范围内受到追捧。

黑果枸杞成熟的果实中含有很高的花色苷，花色苷是一种重要的天然色素，是由花青素与糖类物质结合形成的，花色苷的存在形式提高了花青素的稳定性。黑果枸杞中花色苷属水溶性色素，易溶于乙醇等极性溶剂，其在酸性体系中具有良好的稳定性，随着溶液体系由酸性转为碱性时，色素溶液会由紫色渐渐转变成蓝色，而这一特性也使得黑果枸杞花色苷应用更加广泛。人们已经从黑果枸杞中鉴定出 38 个花色苷类化合物。如今，黑果枸杞的花色苷已应用于医药、食品及化妆品等多个领域。

花色苷类色素可溶于水和有机溶剂，乙醇的沸点比水低，易于回收，较甲醇、丙酮等更安全和经济，另外乙醇对提取材料中的蛋白质、多糖等的溶解度较低，可避免色素提取过程中杂质的混入，不仅可以减轻杂质处理的负担，也可提高色素质量；此外，花色苷类色素在酸性条件下较为稳定，因此乙醇是常应用于黑果枸杞色素提取的提取剂。按辅助方法不同，有常规水浴法、超声波、微波、超声-微波协同萃取法等。常规水浴法主要是用 70%~75%乙醇作为提取溶剂进行的；超声提取法是在水浴法的基础上，将水浴换成在超声波清洗器中提取；微波提取法是在常规水浴法的基础上，将水浴换成在微波提取器中提取，张元德等从提取溶剂、微波辐射功率、提取时间、液料比和浸泡时间等 5 个因素出发，优化了微波提取黑果枸杞色素的条件和方法；超声-微波协同萃取提取法是在常规水浴提取法的基础上，将水浴改为超声-微波协同萃取提取。

11.7 黑果枸杞复合酵素

2016—2017 年，内蒙古天润泽生态技术有限公司联合斯汰克（北京）生物科技有限公司、阿拉善盟林木种苗站相关技术人员成立技术研发小组，经过一年多的研制，从产品配方、发酵技术研究、菌种选择、发酵容器选择、发酵时间、发酵温度、产品调制等方面进行一系列过程的研究，于 2017 年 9 月，生产出合格的黑果枸杞符合酵素产品，同时上市销售。在开展技术研发的同时，完成黑果枸杞饮品产品配方、生产工艺等专利；完成黑果枸杞饮品企业生产标准；完成黑果枸杞饮品生产工艺研究，带动当地农牧民从事黑果枸杞种植，提高农牧民收入，改善了当地生态环境。

生产的黑果枸杞酵素系列产品，通过植物发酵产生的酶、维生素、益生菌以及蛋白质、脂肪被益生菌分解成的氨基酸、多糖等，这些物质极容易为人体所吸收，是人体必需的物质，参与人体新陈代谢。随着现代环境污染日益严重、人体年龄的自然老化等原因，大部分人身体中酶含量都不足。而黑果枸杞酵素系列产品就是为了弥补人体中酶含量不足的存在，通过益生菌来改善消化道微生物生态系统。

（1）保持身体平衡

帮助身体各方面保持平衡状态，帮助清除体内残留堆积的废物，保持肠内细菌的平衡，强化细胞，增强身体抵抗力。

（2）帮助减肥瘦身

身体肥胖的人体内含有的脂肪酶过少而不能正常分解体内多余的脂肪，囤积下来的脂肪会使人的肝脏、肾脏、血管负担变重而诱发疾病。黑果枸杞酵素系列产品能够补充身体需要的脂肪酶，帮助有效燃烧多余的脂肪，从而达到健康减肥的目的。

（3）帮助排毒养颜

人体内的毒素是由肝脏等器官合成各类解毒酶素来进行分解排出体外的，黑果枸杞酵素系列产品能够有效帮助增强身体的解毒排毒功能，有效帮助改善身体器官、血液的清洁度，多余的毒素被排出体外也能够有效帮助美容护肤，改善粗糙、暗沉肤质。

（4）有效预防疾病

随着年龄的增长，身体机能的退化使得身体免疫力不断降低，身体更容易有疾病产生。黑果枸杞酵素系列产品能够帮助延缓器官衰老退化的速度，保持人体的免疫功能，有效预防疾病。

（5）去斑块、清血垢

黑果枸杞酵素系列产品中含有的超氧化物歧化酶、维生素、膳食纤维等营养成分能帮助降低血脂、降低胆固醇和防止动脉粥样硬化等，对肥胖患者、动脉硬化患者的病情有辅助治疗作用。

（6）帮助抗菌消炎

黑果枸杞酵素系列产品是一种天然存在的抗生素，不仅能够搬动白细胞，还能够促进白细胞发挥杀菌作用，并且能够促进新细胞再生，有效治疗身体炎症等。

（7）能够防止酒醉

黑果枸杞酵素系列产品能够帮助防止醉酒，以及因为酒精摄入过量引起的急性中毒等。其分解功能，能够较快地将血液中含有的酒精物质进行分解，以达到解酒的目的。

（8）防脱发促生发

黑果枸杞酵素系列产品能够有效防止掉头发，还能够有效帮助促进毛发生长。改善毛囊的血液循环和营养供给，并且能够帮助分解血液中含有的老化物、毒素等物质，不断增强细胞的活力。帮助改善脱发、头发稀少、头皮痒、头皮油、白发等问题。

参考文献

阿拉善盟科技局，2014-02-04. 我盟黑果枸杞产业调研报告 ［EB/OL］. 阿拉善新闻网. http：//www.alsxw.com/system/2014/12/17/011593329. shtml.

艾则孜江·艾尔肯，滕亮，等，2021. 黑果枸杞的花青素成分和药理作用研究进展 ［J］. 西北药学杂志，36（1）：170-173.

安巍，2010. 枸杞栽培发展概况 ［J］. 宁夏农林科技（1）：26.

白春雷，王灵茂，王志国，等，2016. 黑果枸杞育苗技术综述 ［J］. 种子科技，34（12）：51-54.

白红进，汪河滨，罗锋，2007. 黑果枸杞色素的提取及其清除DPPH自由基作用的研究 ［J］. 西北农业学报，16（2）：190-192.

白堃元，陈炳环，孙晓霞，1990. 经济作物新品种选育论文集 ［M］. 上海：上海科学技术出版社.

白生元，2010. 甘肃河西地区枸杞建园技术 ［J］. 甘肃农业科技（12）：53-54.

曹有龙，2014. 中国枸杞种质资源 ［M］. 北京：中国林业出版社.

曹有龙，巫鹏举，2015. 中国枸杞种质资源 ［M］. 北京：中国林业出版社.

常彦莉，谭雅茹，2016. 不同处理条件对黑果枸杞插穗成活率的影响 ［J］. 农业科技与信息，42（4）：48-50.

陈海魁，蒲凌奎，曹君迈，等，2008. 黑果枸杞的研究现状及其开发利用 ［J］. 黑龙江农业科学（5）：155-157.

陈红军，侯旭杰，白红进，等，2002. 黑果枸杞中的几种营养成分的分析 ［J］. 中国野生植物资源（2）：55.

陈进福，祁银燕，陈武生，2016. 黑果枸杞嫩枝扦插技术规程 ［J］. 青海农林科技（1）：84-87.

陈万良，2013. 甘肃省永靖县黑果枸杞栽培繁育推广技术初探 ［J］. 农民致富之友（9）：73-74.

成俊财，2019. 黑果枸杞原花青素对小鼠衰老皮肤中 MMP-1、MMP-3、EGFR mRNA 表达的实验研究 [D]. 西宁：青海大学.

戴国礼，秦垦，曹有龙，等，2013. 黑果枸杞的花部结构及繁育系统特征 [J]. 广西植物，33（1）：126-132.

戴国礼，秦垦，曹有龙，等，2017. 野生黑果枸杞资源形态类型划分初步研究 [J]. 宁夏农林科技，58（12）：21-24.

党绪，马瑞，魏林源，等，2022. 净风和风沙流对黑果枸杞叶片膜透性和膜保护系统的影响 [J]. 草业科学，39（4）：740-747.

邓楷，丁晨旭，索有瑞，2018. 黑果枸杞超微粉全粉压片工艺优化 [J]. 食品与机械，34（5）：201-221.

邓清祥，靳寿平，李诚，2018. 固化酵母发酵黑枸杞苦荞酒生产工艺研究 [J]. 山东农业大学学报（自然科学版），49（4）：623-627.

帝玛尔·丹增彭措，1986. 晶珠本草 [M]. 上海：上海科学技术出版社.

丁玉静，刘俊秀，李金红，等，2017. 黑果枸杞生理活性成分及作用研究进展 [J]. 中国临床药理学杂志，33（13）：1280-1283.

董建方，2019. 黑枸杞果酒的酿造工艺研究 [J]. 酿酒科技，（10）：6.

董淑红. 谷子粟缘蝽防治技术 [J]. 现代农村科技（3）：22.

董雨荷，2022. 黑果枸杞花青素提取及抑菌、抗氧化机制的研究 [D]. 长春：吉林大学.

董雨荷，胡文忠，连俊辉，等，2020. 黑果枸杞活性成分及其药理作用的研究进展 [J]. 广东化工，47（23）：48-49.

段立清，邹晓林，冯淑军，等，2002. 枸杞上的主要害虫、天敌及其综合管理 [J]. 内蒙古农学学报（自然科学版）（4）：51-54.

段珍珍，王占林，贺康宁，等，2015. 不同土壤水分含量对枸杞光合特性的影响 [J]. 湖北农业科学，54（17）：4208-4210.

冯建森，刘志虎，2013. 酒泉市野生黑果枸杞资源及利用 [J]. 林业实用技术（2）：62-64.

冯雷，徐万里，唐光木，等，2020. 耐盐锻炼黑果枸杞适应盐胁迫的特征 [J]. 北京林业大学学报，42（12）：83-90.

冯立田，汪智军，苏斌，2010. 黑枸杞重盐碱地人工栽培技术研究 [J].
中国科技果（23）：68-69.

付金锋，董立峰，周丽艳，等，2021.5 个黑果枸杞品系重要性状及产
量的比较 [J]. 河北科技师范学院学报，35（2）：61-66.

付艳秋，陈仁财，韩静，等，2015. 黑枸杞泡腾片的制备 [J]. 食品与
发酵工业，41（12）：176-179.

甘青梅，骆桂法，李普衍，等，1997. 藏药黑果枸杞开发利用的研究
[J]. 青海科技（1）：17-18.

甘青梅，左振常，昌也平，等，1995. 藏药"旁玛"的考证及生药学研
究 [J]. 中国民族民间医药杂志（12）：31-33.

甘肃省种子管理局，2013. 河湟谷地的"黑"种子 [J]. 农业科技与信
息（22）：8-9.

郜晋亮，2014-01-01. 青海乐都：黑果枸杞变致富"金果" [EB/OL].
中国农业新闻网. http：//cen.ce.cn/nc/jujiao/201410/10/t20141010_
3669306. shtml.

耿生莲，2008. 黑果枸杞移植苗育苗试验 [J]. 陕西林业科技（3）：
32-34.

耿生莲，2009. 黑果枸杞施肥试验 [J]. 陕西林业科技（2）：48-50.

耿生莲，2011. 黑果枸杞天然林整形修剪研究 [J]. 西北林学院学报，
26（1）：95-97.

耿生莲，2012. 不同处理土壤水分下黑果枸杞生理特点分析 [J]. 西北
林学院学报，27（1）：6-10.

耿生莲，2014. 黑果枸杞温室扦插育苗试验 [J]. 山西林业科技，43
（4）：25-27.

谷传申，张亚伟，杜婉君，2015. 不同施钾水平对枸杞产量的影响 [J].
黑龙江农业科学（3）：23-24.

桂翔，张斌武，杨宏伟，等，2018. 不同生长调节剂对黑果枸杞嫩枝扦
插育苗的影响 [J]. 内蒙古林业科技，44（3）：49-52.

郭春秀，2018. 民勤荒漠草地黑果枸杞群落特征、土壤特性及微生物多
样性研究 [D]. 兰州：甘肃农业大学.

郭家平，陈怡雪，王亚盟，等，2020.不同产地黑果枸杞的蛋白质营养价值评价 [J].食品工业，41（9）：336-340.

郭杰，陶蕾，王瑞雪，等，2022.黑果枸杞营养成分及其开发利用研究 [J].现代食品，28（2）：112-114.

郭有燕，刘红军，等，2016.干旱胁迫对黑果枸杞幼苗光合特性的影响 [J].西北植物报，36（1）：124-130.

郭有燕，聂海松，余宏远，等，2019.不同生境黑果枸杞实生苗生长及土壤养分空间差异的研究 [J].干旱地区农业研究，37（2）：95-101.

韩多红，李善家，王恩军，等，2014.外源钙对盐胁迫下黑果枸杞种子萌发和幼苗生理特性的影响 [J].中国中药杂志，39（1）：34-38.

韩红，2016.和静县黑枸杞资源分布及发展现状 [J].新疆林业（2）：22-23.

郝玉兰，石元宁，2012.青藏高原黑枸杞栽培技术 [J].现代农业科技，（9）：138.

郝媛媛，颉耀文，张文培，等，2016.荒漠黑果枸杞研究进展 [J].草业科学，33（9）：1835-1845.

浩仁塔本，赵颖，郭永盛，等，2005.黑果枸杞的组织培养 [J].植物生理学报，41（5）：631-631.

何文革，那松曹克图，魏朝辉，等，2015.黑果枸杞地下垂直茎接穗属性特质及与枸杞嫁接成活效果研究 [J].现代农业科技（13）：79-80.

何文革，那松曹克图，吾其尔，等，2015.焉耆盆地黑果枸杞灌丛与根系组成及分布特征 [J].草业科学，32（7）：1192-1198.

何文革，那松曹克图，吾其尔，等，2015.焉耆盆地黑果枸杞自然分布特点及其生物特性研究 [J].现代农业科技（13）：91-93.

何运转，谢晓亮，贾海民，2019.中草药主要病虫害原色图谱 [M].中国医药科技出版社.

红艳，2016.作物遗传育种 [M].重庆：重庆大学出版社.

胡林子，马永全，于新，2011.紫甘薯色素抗菌与抗氧化作用研究进展

［J］．食品工业科技，32（2）：389-392．

胡相伟，马彦军，2018．黑果枸杞栽培管理 7 点注意事项 ［J］．林业科技通讯（4）：51-52．

胡相伟，马彦军，李毅，等，2015．黑果枸杞的组织培养和植株再生 ［J］．农业科学与信息（7）：48-49．

胡相伟，马彦军，李毅，等，2015．黑果枸杞组织培养技术 ［J］．甘肃农业科技（5）：73-74．

黄青松，王鑫，2019．黑果枸杞汁抗氧化工艺技术研究 ［J］．宁夏农林科技，60（8）：60-62．

惠秋沙，2011．天然色素的研究概况 ［J］．北方药学，8（5）：3-4．

姬孝忠，2015．黑果枸杞育苗繁殖技术 ［J］．中国野生植物资源，34（2）：75-77．

冀菲，唐晓杰，程广有，2016．黑果枸杞组培繁殖培养基选择 ［J］．北华大学学报（自然科学版），17（4）：537-539．

姜霞，任红旭，马占青，等，2011．黑果枸杞耐盐机理的相关研究 ［J］．北方园艺，（10）：19-23．

雷玉明，2004．枸杞流胶病的发生与综合防治 ［J］．林业实用技术（1）：26．

李春喜，2016．甘肃省黑枸杞人工栽培种植技术 ［J］．农业工程技术（1）：58．

李春阳，2006．葡萄籽中原花青素的提取纯化及其结构和功能研究 ［D］．无锡：江南大学．

李冬杰，2016．植物生长调节剂对黑果枸杞愈伤组织诱导、增殖及分化的影响 ［J］．河北林业科技（4）：1-5．

李发奎，2019．黑果枸杞器官间生态化学计量特征比较研究 ［D］．兰州：甘肃农业大学．

李金丽，2016．林木种苗猝倒病及其防治措施 ［J］．中国农业信息（3）：144-146．

李进，瞿伟菁，吕海英，等，2006．黑果枸杞色素的提取和精制工艺研究 ［J］．天然产物研究与开发（18）：650-654．

李婧，杨芳，栾广祥，等，2022. 黑果枸杞的花青素类成分及其药理作用的研究进展 [J]. 华西药学杂志，37（3）：331-336.

李文新，陈计峦，唐凤仙，等，2017. 响应面法优化黑枸杞葡萄复合果酒发酵工艺的研究 [J]. 中国酿造（5）：187-191.

李薛娟，阿孝珠，白露超，2021. 诺木洪枸杞根腐病病原菌的分离与鉴定 [J]. 分子植物育种，19（4）：1232-1236.

李永洁，李进，徐萍，等，2014. 黑果枸杞幼苗对干旱胁迫的生理响应 [J]. 干旱区研究，31（4）：756-762.

李永善，2020. 孛井滩地区种植黑果枸杞的气候适宜性分析 [J]. 现代农业（8）：34-35.

李玉红，尚巧霞，2011. 枸杞常见病害识别及防治 [J]. 长江蔬菜（1）：40.

梁艳玲，陈麒，伍彦华，等，2020. 果酒的研究与开发现状 [J]. 中国酿造，39（12）：9-13.

林津津，陈刚，马志刚，2014. 黑果枸杞的种质资源及开发利用研究 [J]. 医学信息，27（4）：122-123.

林丽，晋玲，王振恒，等，2017. 气候变化背景下藏药黑果枸杞的潜在适生区分布预测 [J]. 中国中药杂志，42（14）：2659-2661.

林丽，张裴斯，晋玲，等，2013. 黑果枸杞的研究进展 [J]. 中国药房（47）：4493-4497.

林治国，2019. 不同种源黑果枸杞苗期生长差异分析 [J]. 林业勘查设计，（3）：57-58.

林治国，2020. 施肥对黑果枸杞苗木生长影响的技术研究 [J]. 林业勘察设计，49（3）：37-39.

蔺国仓，任向荣，孙美乐，等，2021. 不同除草剂对树莓中菟丝子防治效果 [J]. 现代农业研究，27（6）：30-31.

刘炳琪，张宝林，吕亚军，2016. 引种青海黑枸杞到陕西杨凌长势良好 [J]. Journal of Animal Science and Veterinary Medicine，35（4）：116.

刘克彪，郭春秀，张元恺，等，2019. 不同种源黑果枸杞物候期和生长差异及其与地理-气候因子的相关性分析 [J]. 植物资源与环境学报，

28 （4）：41-48.

刘克彪，张元恺，李发明，2014.黑果枸杞种子萌发对水分和钠盐胁迫的响应 ［J］.经济林研究，32（4）：45-51.

刘娜，2020.黑果枸杞物候及叶功能性状对增温增湿的响应 ［D］.兰州：甘肃农业大学.

刘娜，李金霞，朱亚男，等，2020.黑果枸杞开花物候对增温和补灌的响应 ［J］.干旱区研究，37（4）：1035-1047.

刘荣丽，杨海文，司剑华，2011.不同的生长调节剂对黑果枸杞硬枝扦插育苗的影响 ［J］.安徽农业科学，39（19）：11447-11448.

刘赛，杨孟可，李建领，等，2019.我国枸杞主产区瘿螨鉴定及其越冬调查 ［J］.中国中药杂志，44（11）：2208-2212.

刘王锁，李文波，蒋旭亮，等，2016.围封保护措施下宁夏中宁县野生枸杞的多样性变化 ［J］.贵州农业科学，44（5）：9-12.

刘文英，2015.居延海地区野生黑枸杞资源保护与生态防治 ［J］.现代农业科技（16）：99-100.

刘翔，乔梅梅，吕国华，2018.采收时间气温对野生黑果枸杞花青素和原花青素的影响 ［J］.农业与技术，38（7）：1-5.

刘玉梅，2016.枸杞病有害生物发生及防治措施 ［J］.农技服务，33（8）：79-78.

刘增根，康海林，岳会兰，等，2018.黑果枸杞资源调查及其原花青素含量差异分析 ［J］.时珍国医国药，29（7）：1713-1716.

刘振荣，1981.枸杞枯萎病研究初报 ［J］.林业科技通讯（5）：19-20.

卢文晋，王占林，樊光辉，2014.黑果枸杞在人工栽培条件下的形态变异 ［J］.经济研究，32（1）：171-174.

鲁占魁，樊仲庆，茹庆华，等，1998.枸杞流胶病的发生原因及防治研究 ［J］.青海农林科技（3）：33-35.

路芳，2019.枸杞主要病害防治方法 ［J］.特种经济动植物，22（5）：49-51.

路兴慧，2009.塔里木河下游五种典型荒漠植物水分生理及自维持特性研究 ［D］.乌鲁木齐：新疆农业大学.

罗铁柱, 2018 - 08 - 24. 一种黑枸杞果酒及其制备方法 [P]. 中国:
CN108441383A.

马嘉艺, 2019. 黑果枸杞原花青素对小鼠衰老模型皮肤结构的影响
[D]. 西宁: 青海大学.

马金平, 李建国, 王孝, 等, 2013. 黑果枸杞苗木快速繁育及建园技术
[J]. 北方园艺 (9): 185-187.

马俊梅, 郭春秀, 何芳兰, 等, 2019. 民勤绿洲外围不同立地类型黑果
枸杞种群分布格局 [J]. 干旱区研究, 36 (1): 122-130.

马丽娟, 霍鹏超, 孙梦茹, 等, 2020. 黑果枸杞化学成分和药理活性研
究进展 [J]. 中草药, 51 (22): 5884-5893.

马彦军, 王亚涛, 杨万鹏, 等, 2018. 10 个种源黑果枸杞光合作用特性
研究 [J]. 干旱区资源与环境, 32 (6): 155-159.

马彦军, 许晶晶, 韩谨如, 等, 2018. 3 个种群黑果枸杞叶片解剖结构
的耐盐性分析 [J]. 干旱区资源与环境, 32 (4): 100-105.

马毓泉, 1980. 内蒙古植物志 [M]. 呼和浩特: 内蒙古人民出版社.

毛金枫, 聂江力, 吴姿锐, 等, 2017. 不同土壤环境下黑果枸杞茎、叶
形态结构比较 [J]. 植物研究, 37 (4): 529-534.

苗永俊, 2016. 黑果枸杞种子育苗技术 [J]. 宁夏农业林科技, 57 (2):
27-28.

穆哈西, 李振江, 2015. 气象因子与黑枸杞叶水势的关系及其灌水周期
[J]. 节水灌溉 (10): 43-45.

内蒙古哈腾套海自然保护区, 2017 - 06 - 12. 黑果枸杞群体 HGQ - 169
[EB/OL]. 国家林木种质资源平台. http: //www. nfgrp. cn/data/list/re-
source_detailp. shtml? kid = 103801&pingtaiziyuanhao = 1111C000311600-
0873.

内蒙古自治区林业和草原局, 2021. 黑果枸杞栽培技术规程: DB15/T
2435—2021 [S]. 呼和浩特: 内蒙古自治区市场监督管理局.

内蒙古自治区林业科学研究院, 2017. 荒漠地区黑果枸杞高效播种育苗
方法: CN610913218. 5 [P].

内蒙古自治区林业厅, 2017. 黑果枸杞育苗技术规程: DB15/T 1289—

2017［S］. 呼和浩特：内蒙古自治区质量技术监督局.

裴超俊，2013. 天麻素对酪氨酸酶的抑制作用及黑色素生成的影响［D］. 苏州：苏州大学.

彭勇，陈尚武，马会勤，2016. 黑果枸杞果实成熟发育过程表达谱差异分析［J］. 生物技术通报，32（11）：144-151.

齐海丽，吕云皓，杨双铭，等，2021. 黑果枸杞活性成分及其产品开发研究进展［J］. 中国果菜，41（3）：19-25.

乔梅梅，2017. 日光温室黑果枸杞生物学特性研究［D］. 石河子：石河子大学.

尚佰晓，2022. 菟丝子属植物在园林绿化中的危害调查及防治［J］. 园艺与种苗，42（8）：28-29.

邵维仙，2010. 枸杞主要病害及防治措施［J］. 现代农村科技（9）：29.

沈慧，米永伟，王龙强，2012. 外源硅对盐胁迫下黑果枸杞幼苗生理特性的影响［J］. 草地学报，20（3）：554-558.

盛强，黄伟，李粉莲，等，2022. 人工种植黑果枸杞瘿螨的发生及危害研究［J］. 陕西农业科学，68（5）：60-63.

石志刚，王亚军，安巍，等，2016. 黑果枸杞的栽培技术及生产特性分析［J］. 湖北农业科学，55（19）：5098-5100.

史晓华，于磊娟，邱磊，2017. 仙人掌果黑枸杞复合果酒的发酵工艺研究［J］. 中国酿造，36（11）：175-179.

侍新萍，2021. 不同种源黑果枸杞生理特性对风沙流胁迫的响应［D］. 兰州：甘肃农业大学.

宋思瑶，2019. 青海黑果枸杞果实色素的研究［D］. 杨陵：西北农林科技大学.

苏勇宏，马晓静，2022. 若羌县黑果枸杞栽培管理技术［J］. 农村科技（2）：48-49.

宿婧，姚倩，赵志刚，2021. 无糖型黑枸杞果片的研制［J］. 广东化工，48（8）：78.

孙冬梅，2018. 苗木猝倒病的发生与防治［J］. 现代化农业（7）：10-11.

孙慧杰，2015. 枸杞黄叶病的防治措施［J］. 青海农技推广（4）：38.

孙慧琴，许兴文，许雅娟，等，2016. 干旱沙区黑果枸杞育苗技术［J］. 现代农业科技（11）：120-121.

孙睿，2015-02-17. 中国首部野生枸杞保护条例7月起实施［EB/OL］. 中国经济网. https：//www. chinanews. com/gn/2015/07-01/7376647. shtml.

索有瑞，鲁长征，李刚，2012. 青海生态经济林浆果资源研究与开发 ［M］. 北京：中国林业出版社.

覃瑶，吴波，秦晗，等，2020. 我国果酒发展及研究现状［J］. 中国酿 造，39（9）：1-6

谭永鹏，2021. 黑果枸杞原花青素的提取及其纤维膜包封研究［D］. 广 州：华南理工学.

唐琼，德永军，张斌武，等，2016. 不同种源黑果枸杞种子萌发特性研 究［J］. 林业科技通讯（12）：3-7.

吐尔逊，王选东，李婷，2007. 黑果枸杞色素的提取工艺研究［J］. 安 徽南农业大学，35（4）：1111-1112.

汪智军，靳开颜，古丽森，2013. 新疆枸杞属植物资源调查及其保育措 施［J］. 北方园艺（3）：169-171.

王炳炎，胡冠芳，2011. 枸杞病虫害及其防治彩色图谱［M］. 兰州：甘 肃文化出版社.

王多东，张全礼，张岩波，2016. 三十六团黑果枸杞栽培技术［J］. 新 疆农垦科技，39（1）：18-19.

王恩军，李善家，韩多红，等，2014. 中性盐和碱性盐胁迫对黑果枸杞 种子萌发及幼苗生长的影响［J］. 干旱地区农业研究，32（6）： 64-69.

王恩主，2015. 杭州园林植物病虫害图鉴［M］. 杭州：浙江科学技术出 版社.

王方琳，柴成武，魏小红，等，2016. 荒漠区药用植物黑果枸杞 （*Lycium ruthencium*）的组织培养［J］. 干旱区资源与环境，30（10）： 104-109.

王广宇，王桂莲，梁宗业，2001.粟缘蝽在河南省叶县局部地区暴发为害 [J]. 植保技术与推广（7）：46.

王海秀，2010. 柴达木黑果枸杞培育技术 [J]. 防护林科技（2）：21.

王佳武，张岩波，李锁胜，2020. 干旱地区黑枸杞虫害综合防治 [J]. 特种经济动植物，23（12）：71-72.

王建民，刘志虎，冯建森，2015. 黑果枸杞保护地育苗技术 [J]. 甘肃农业科技（8）：90-91.

王建友，王琴，刘凤兰，等，2017. 黑果枸杞种子性状与果实性状的相关性研究 [J]. 种子，36（4）：80-83.

王金平，王平，陈润桦，等，2017. 羟基红花黄色素A对脓毒症小鼠外周血促炎/抗炎因子的影响 [J]. 中山大学学报（医学科学版），38（5）：665-669.

王晶，2017. 两种沙生经济植物黑果枸杞和罗布麻的抗旱性研究 [D]. 兰州：甘肃农业大学.

王桔红，陈文，2012. 黑果枸杞种子萌发及幼苗生长对盐胁迫的响应 [J]. 生态学杂志，31（4）：804-810.

王桔红，陈文，张勇，等，2011. 贮藏条件对河西走廊四种旱生灌木种子萌发的影响 [J]. 生态学杂志，30（3）：477-482.

王龙强，2011. 盐生药用植物黑果枸杞耐盐生理生态机制研究 [D]. 兰州：甘肃农业大学.

王龙强，米永伟，蔺海明，2011. 盐胁迫对枸杞属两种植物幼苗离子吸收和分配的影响 [J]. 草业学报，20（4）：129-136.

王尚军，2011. 水杨酸与烯效唑对盐胁迫下黑果枸杞愈伤组织生理生化特性的影响研究 [D]. 兰州：兰州大学.

王天琦，马兆成，吴军民，等，2020. 黑果枸杞中花色苷的高效液相色谱分析研究 [J]. 分析科学学报，36（4）：465-470.

王卫霞，2009. 新疆几种典型荒漠植物根际微生物特征及内生固氮菌的分离、促生性能研究 [D]. 乌鲁木齐：新疆农业大学.

王玉凯，2017. 林木种苗猝倒病及其防治措施 [J]. 农民致富之友（17）：127.

魏丽，2021. 柴达木黑果枸杞花青素对 UVB 辐射体外培养人皮肤成纤维细胞的衰老及 p53、p21 影响的研究 [D]. 西宁：青海大学.

温美佳，2013. 基于气候特征的不同产地枸杞品质及生态适宜性区划研究 [D]. 太原：山西大学.

吴飞，朱生秀，向江湖，等，2017. 不同土壤水分条件下黑果枸杞光合特性及产量分析 [J]. 安徽农业科学，45（5）：6-7.

吴佳豫，2018. 黑果枸杞繁殖生物学研究 [D]. 兰州：甘肃农业大学.

吴佳豫，郭有燕，张小菊，等，2018. 黑果枸杞花期划分及花粉形态的扫描电镜观察 [J]. 河西学员学报，34（5）：52-56.

吴蔚楚，2018. 植物花青素研究进展 [J]. 当代化工研究（9）：183-185.

吴征镒，陈心启，2004. 中国植物志 [M]. 北京：科学出版社.

郗金标，张福锁，毛达如，等，2003. 新疆药用盐生植物及其利用潜力分析 [J]. 中国农业科技导报，5（1）：43-48.

谢菲，肖生春，张斌武，等，2019. 灌溉量对不同种源区黑果枸杞幼苗生长的影响 [J]. 黑龙江农业科学（1）：75-77.

谢施祎，刘金财，刘学斌，2010. 枸杞栽培与加工 [M]. 宁夏：宁夏人民出版社.

谢一芝，尹晴红，邱瑞镰，2004. 高花青素甘薯的研究及利用 [J]. 杂粮作物（1）：23-25.

辛菊平，2012. 盐胁迫下黑果枸杞生理特性及耐盐性研究 [D]. 西宁：青海大学.

邢丽杰，王远，刘帅光，等，2021. 黑果枸杞中活性成分的研究进展 [J]. 农产品加工（10）：66-69.

徐爱翔，2015-01-28. 揭开黑果枸杞神秘面纱 [EB/OL]. 阿拉善新闻网. http：//als. nmgnews. com. cn/system/2015/01/28/011620464. sht-ml.

徐红雨，鞠葛金悦，肖更生，等，2021. 浓缩方式对枸杞汁品质的影响 [J]. 食品研究与开发，42（24）：50-58.

徐林波，段立清，2005. 枸杞瘿螨的生物学特性及其有效积温的研究

[J].内蒙古农业大学学报（自然科学版）（2）：55-57.

徐世清，2018-05-18.黑枸杞猕猴桃复合果酒及制备方法：108048270
[P].

许彩英，2016.黑枸杞的种植技术 [J].农民致富之友（6）：162.

许亚萍，王海宁，王艳，2015.黑枸杞的育苗技术 [J].农家致富顾问
（24）：28.

闫凯，张洪江，2011.新疆草原植物图册 [M].北京：中国农业出版社.

杨春树，马明呈，李文，2007.不同种源野生黑果枸杞容器育苗试验
[J].陕西农业科学（3）：61-64.

杨冬彦，赵庆生，赵兵，等，2019.黑果枸杞速溶粉营养成分分析及抗
氧化活性研究 [J].食品工业，40（1）：203-207.

杨宏伟，郭永盛，刘博，等，2014.黑果枸杞硬枝扦插繁育技术研究
[J].内蒙古林业科技（20）：33-35.

杨宏伟，郭永盛，杨荣，等，2017.黑果枸杞播种育苗关键技术 [J].
内蒙古林业科技，43（1）：62-64.

杨宁，李宜珅，陈霞，等，2016.黑果枸杞的组织培养和快速繁殖 [J].
西北师范大学学报（自然科学版），52（2）：84-87.

杨琴，袁涛，孙湘滨，2015.不同保存方法对牡丹花瓣中花青素和黄酮
含量的影响 [J].食品工业科技，36（17）：90-95.

杨荣，尚海军，等，2020.不同种源黑果枸杞种子特征及萌发试验研究
[J].内蒙古林业科技，46（3）：19-22.

杨天顺，董静洲，岳建林，等，2015.枸杞新品种'中科绿川1号'
[J].园艺学报，42（12）：2557-2558.

杨万芳，樊国洲，马国荣，2015.古浪县黑果枸杞发展现状及对策 [J].
中国农业信息（11）：127-128.

杨万鹏，2019.NaCl胁迫对黑果枸杞形态特征及生理特性的影响 [D].
兰州：甘肃农业大学.

杨小峰，闫素月，郭青枝，2021.花青素酒酿造工艺探究 [J].山东化
工，50（17）：70-72.

杨阳，张斌武，蓝登明，等，2019.黑果枸杞果实原花青素含量分析

［J］. 中国农学通报, 35 (22)：145-146.

杨永义, 2020. 净风和风沙流对黑果枸杞抗逆生理和光合作用的影响 ［D］. 兰州：甘肃农业大学.

杨志娟, 2003. 我国天然色素的现状与发展方针 ［J］. 食品研究与开发, 24 (2)：3-5.

叶英, 涂峰, 李桂全, 等, 2016. 黑果枸杞片剂制备工艺研究 ［J］. 食品工业, 37 (12)：73-76.

佚名, 1974. 枸杞栽培 ［M］. 青海：青海人民出版社.

佚名, 2015. 宁夏农科院成功选育出黑果枸杞新优系 ［J］. 农村百事通 (22)：12.

佚名, 2020-06-17. "十三五" 以来我省沙区生态环境明显好转. ［EB/OL］. http：//www. qhio. gov. cn/system/2020/06/17/013187098. shtml.

曾茜茜, 雷琳, 赵国华, 等, 2018. 花青素加工贮藏稳定性的改善及应用研究进展 ［J］. 食品科学, 39 (11)：269-275.

湛文礼, 2019. 青海海南州枸杞种植及主要病虫害防治技术 ［J］. 农业工程技术, 39 (11)：69-70.

张炳炎, 胡冠芳, 1999. 枸杞病虫草害及其防治 ［M］. 兰州：甘肃文化出版社.

张炳炎, 胡冠芳, 2011. 枸杞病虫草害及其防治彩色图谱 ［M］. 甘肃：甘肃文化出版社.

张海霞, 卢宇, 柰如嘎, 等, 2017. 野生黑果枸杞花青素提取工艺优化及地区差异性 ［J］. 食品科技 (2)：209-215.

张虹, 龙宏周, 路国栋, 等, 2017. 黑果枸杞多倍体诱导及鉴定 ［J］. 核农学报 (1)：59-65.

张佳琪, 赵英力, 王浩宁, 等, 2020. 黑果枸杞研究进展及产业发展对策 ［J］. 北方园艺 (19)：134-140.

张龙儒, 2016. 黑果枸杞病虫害防治技术 ［J］. 农业工程技术, 36 (26)：32.

张梦洁, 李晶, 李先义, 等, 2021. 黑果枸杞的抗疲劳作用研究进展 ［J］. 安徽农业科学, 49 (1)：21-22.

张桐欣，2018. 干旱胁迫对黑果枸杞生长、生理特性及茎刺发育的影响
　　[D]. 沈阳：沈阳农业大学.

张卫，2022. 关于宁夏黑果枸杞的调研报告 [J]. 中国市场 (24)：
　　144-146.

张霞，张芳，高晓娟，等，2017. 不同干燥方法对黑果枸杞中活性成分
　　含量及其抗氧化活性的影响 [J]. 中国中药杂志，42 (20)：
　　3926-3931.

张亚昊，方永婷，崔小梅，2020. 黑果枸杞化学成分和药理作用研究进
　　展 [J]. 当代化工研究 (16)：145-147.

张元德，白红进，殷生虎，等，2010. 黑果枸杞花色苷色素微波辅助提
　　取的优化 [J]. 新疆农业科学，4 (77)：1293-1298.

张珍贤，王华，蔡传涛，2015. 施肥对干旱胁迫下幼龄期小粒咖啡光合
　　特性及生长的影响 [J]. 中国生态农业学报，23 (7)：832-840.

章英才，张晋宁，2004. 两种盐浓度环境中的黑果枸杞叶的形态结构特
　　征研究 [J]. 宁夏大学学报 (自然科学版)，25 (4)：365-367.

赵爱山，2015. 不同生长调节剂对黑果枸杞扦插苗生长的影响 [J]. 农
　　业科技通讯 (9)：156-159.

赵明国，许雅娟，2020. 民勤绿洲枸杞黑果病防治试验 [J]. 乡村科技，
　　11 (35)：100-101.

赵培宝，任爱芝，司立英，2003. 枸杞主要病害及综合防治措施 [J].
　　特种经济动植物 (10)：40.

郑贞贞，2009. 柴达木盆地主要枸杞资源遗传多样性分析 [D]. 西宁：
　　青海大学.

郑卓然，邓娇娇，杨立新，等，2016. 辽宁地区黑果枸杞的栽培技术
　　[J]. 辽宁林业科技 (3)：71-72.

中国科学院西北高原生物研究所，1987. 青海经济植物志 [M]. 西宁：
　　青海人民出版社.

中国科学院新疆综合考察队，中国科学院植物研究所，1978. 新疆植被
　　及其利用 [M]. 北京：科学出版社.

中国林业科学研究院沙漠林业实验中心，2017-04-16. 黑果枸杞 [EB/

OL]. 国家林木种质资源平台. http：//www.nfgrp.cn/data/list/resource_detailp. shtml? kid＝156766&pingtaiziyuanhao＝1111C0003308000141.

中国医学科学院，中国协和医科大学，2022-10-08. 药用植物研究所和植物保护中心药用植物病虫害数据库［EB/OL］.pests. com. cn，https：//www.pests.com.cn/? m＝pests.

中国政府网，2015-10-28. 国家重点保护野生植物名录——林业［EB/OL］.www. gov. cn.

周文凯，卢静静，杜聪瑶，等，2021. 黑果枸杞咀嚼片的制备工艺研究［J］.粮食与油脂，34（7）：82-86.

朱会文，2018.甘肃省景电灌区枸杞根腐病的发生与防治［J］.现代农业科技（5）：121.

朱梅琴，郭鹏，任学花，等，2021. 响应面法优化红枣黑枸杞人参果复合饮料的研制［J］.食品科技，46（4）：87-95.

宗莉，甘霖，康玉茹，等，2015.盐分、干旱及其交互胁迫对黑果枸杞发芽的影响［J］.干旱区研究，32（3）：499-503.

JING L, HANG Y, HOUNAN C, et al., 2016 Study on tissue culture and rapid propagation of *Lycium ruthenicum* Murr［J］. Agricultural, 17（5）：2012-2016.

KAYA M D, OKCU G, ATAK M, et al., 2006. Seed treatments to overcome salt and drought stress duringgermination in sunflower（*Helianthus annuus* L.）［J］. European Journal of Agronomy, 24（4）：291-295.

MITROPOULOU A, HATZIDIMITRIOU E, PARASKEVOPOULOU A, 2011. Aroma release of a model wine solution as influenced by the presence of non-volatile components. effect of commercial tannin extracts, polysaccharides and artificial saliva［J］. Food Research International, 44（5）：1561-1570.

RAO S, TIAN Y, XIA X L, et al., 2020. Chromosome doubling mediates superior drought tolerance in Lycium ruthenicum via abscisic acid signaling［J］. Horticulture Research（7）：40.

SIYU S, HOUNAN C, HANG Y, et al., 2016. Study on the polyploid induction of *Lycium ruthenicum* Murr［J］. Agricultural, 17（9）：1060-1064.

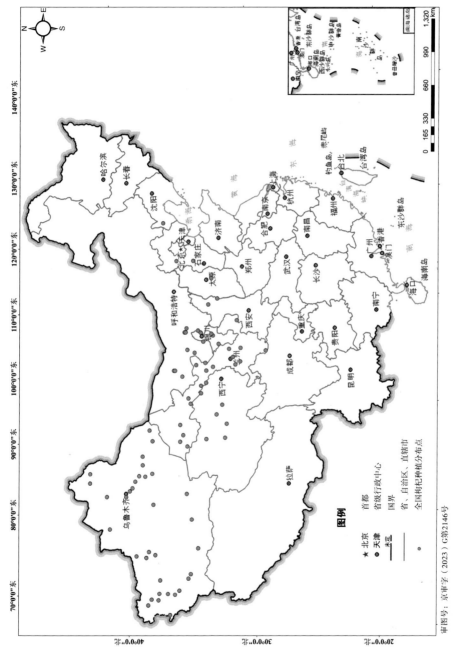

审图号：京审字（2023）G第2146号

彩图2-1 中国黑果枸杞地理分布区、标本分布略图（张雷、杨荣、吴秀花等制图，2019）

图例

★ 北京　首都
◎ 天津　省级行政中心
—— 未定　国界
◎ 省、自治区、直辖市
· 全国枸杞种植分布点

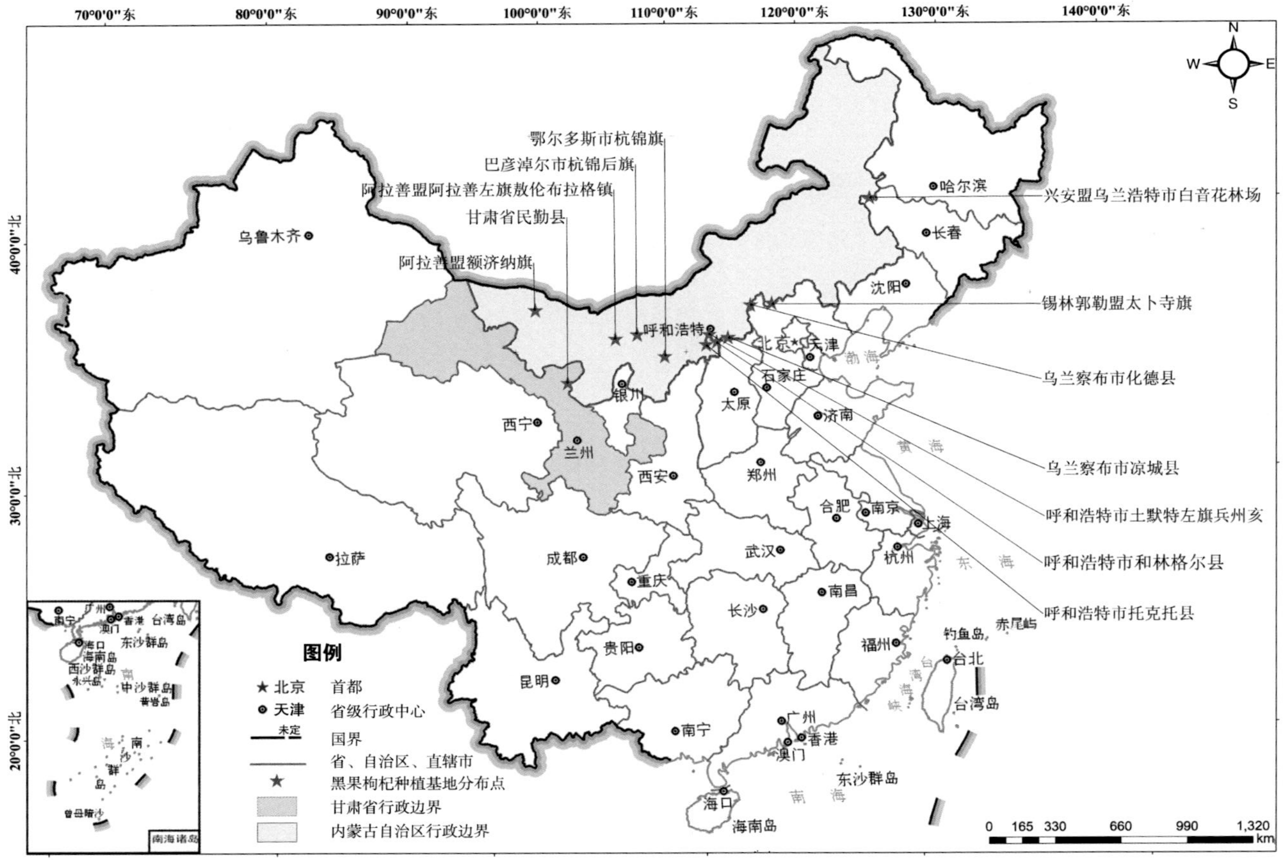

彩图2-3 内蒙古黑果枸杞工程（技术）中心2017—2019年黑果枸杞栽培示范分布图

审图号：京审字（2023）G第2146号

彩图4-1　播种20 d后黑果枸杞幼苗长势　　彩图4-2　播种2个月后黑果枸杞苗木长势

彩图4-3　播种3个月后黑果枸杞苗木长势　　彩图4-4　播种4个月后黑果枸杞苗木长势

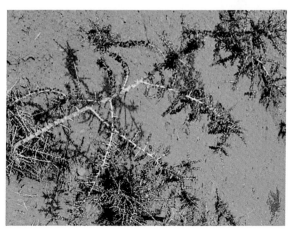

彩图4-5　黑果枸杞起苗后根系　　　　彩图4-6　黑果枸杞的主枝

彩图4-7　黑果枸杞一年生枝和棘刺　　　　彩图4-8　黑果枸杞的花

彩图4-9　黑果枸杞的花——蜜蜂授粉
（一）

彩图4-10　黑果枸杞的花——蜜蜂授粉
（二）

彩图4-11　黑果枸杞果实（一）

彩图4-12　黑果枸杞果实（二）

彩图6-1　黑果枸杞容器育苗苗床

彩图6-2　黑果枸杞容器育苗幼苗近景

彩图6-3　黑果枸杞容器育苗苗木长势

彩图6-4　黑果枸杞容器育苗一年生苗木

彩图6-5　覆膜播种

彩图6-6　夏季黑果枸杞苗木状态

彩图6-7　冬季黑果枸杞苗木状态

彩图6-8　搭设简易大棚（覆沙）

彩图6-9　平整苗床

彩图6-10　嫩枝扦插场景

彩图6-11　嫩枝扦插插条

彩图6-12　嫩枝扦插作业后效果

彩图6-13　嫩枝扦插喷水效果

彩图6-14　嫩枝扦插简易温棚覆遮光网效果

彩图6-15　嫩枝扦插通风炼苗

彩图7-1　机械整地

彩图7-2　人工栽植

彩图7-3　定植后黑果枸杞苗木长势

彩图7-4　黑果枸杞除草后苗木状态

彩图8-1　黑果枸杞晾晒架

彩图9-1　粟缘蝽卵

彩图9-2　粟缘蝽低龄若虫

彩图9-3　粟缘蝽各龄若虫

彩图9-4　粟缘蝽成虫

彩图9-5　枸杞负泥虫和它的排泄物

彩图9-6　枸杞负泥虫成虫

彩图9-7　枸杞木虱卵

彩图9-8　枸杞木虱成虫

彩图9-9　枸杞瘿螨为害状（一）

彩图9-10　枸杞瘿螨
为害状（二）